上海三联人文经典书库

上海三联人文经典书库
117

俄罗斯建筑艺术史

古代至19世纪

[俄罗斯]伊戈尔·埃马努伊洛维奇·格拉巴里 主编
杨明天 王丽娟 闻思敏 译

ИСТОРИЯ РУССКОГО ИСКУССТВА. АРХИТЕКТУРА

ДРЕВНЕЙШАЯ ЭПОХА - 19 ВЕК

上海三联书店

“十四五”国家重点图书出版规划项目

国家出版基金资助项目

总　序

陈　恒

自百余年前中国学术开始现代转型以来，我国人文社会科学研究历经几代学者不懈努力已取得了可观成就。学术翻译在其中功不可没，严复的开创之功自不必多说，民国时期译介的西方学术著作更大大促进了汉语学术的发展，有助于我国学人开眼看世界，知外域除坚船利器外尚有学问典章可资引进。20世纪80年代以来，中国学术界又开始了一轮至今势头不衰的引介国外学术著作之浪潮，这对中国知识界学术思想的积累和发展乃至对中国社会进步所起到的推动作用，可谓有目共睹。新一轮西学东渐的同时，中国学者在某些领域也进行了开创性研究，出版了不少重要的论著，发表了不少有价值的论文。借此如株苗之嫁接，已生成糅合东西学术精义的果实。我们有充分的理由企盼着，既有着自身深厚的民族传统为根基、呈现出鲜明的本土问题意识，又吸纳了国际学术界多方面成果的学术研究，将会日益滋长繁荣起来。

值得注意的是，20世纪80年代以降，西方学术界自身的转型也越来越改变了其传统的学术形态和研究方法，学术史、科学史、考古史、宗教史、性别史、哲学史、艺术史、人类学、语言学、社会学、民俗学等学科的研究日益繁荣。研究方法、手段、内容日新月异，这些领域的变化在很大程度上改变了整个人文社会科学的面貌，也极大地影响了近年来中国学术界的学术取向。不同学科的学者出于深化各自专业研究的需要，对其他学科知识的渴求也越来越迫切，以求能开阔视野，迸发出学术灵感、思想火花。近年来，我们与国外学术界的交往日渐增强，合格的学术翻译队伍也日益扩大，同时我们也深信，学术垃圾的泛滥只是当今学术生产面相之一隅，高质量、原创作的学术著作也在当今的学术中坚和默坐书斋的读书种子中不断产生。然囿于种种原因，人文社会科学各学科的发展并不平衡，学术出版方面也有畸轻畸重的情形（比如国内还鲜有把国人在海外获得博士学位的优秀论文系统地引介到学术界）。

有鉴于此，我们计划组织出版“上海三联人文经典书库”，将从译介西学成果、推出原创精品、整理已有典籍三方面展开。译介西学成果拟从西方近现代经典（自文艺复兴以来，但以二战前后的西学著作为主）、西方古代经典（文艺复兴前的西方原典）两方面着手；原创精品取“汉语思想系列”为范畴，不断向学术界推出汉语世界精品力作；整理已有典籍则以民国时期的翻译著作为主。现阶段我们拟从历史、考古、宗教、哲学、艺术等领域着手，在上述三个方面对学术宝库进行挖掘，从而为人文社会科学的发展作出一些贡献，以求为21世纪中国的学术大厦添一砖一瓦。

目 录

前　言

西欧艺术史学家在着手撰写自己的著作时，手头掌握着大量资料，这些资料为他们搭建可靠的作品构架、做出严谨的结论奠定了坚实的基础。这些原材料源自他们大量出版的诸多文件、书信、日记，还有千百万张意义重大的文物建筑的照片、图画。其中一部分资料，已经加工完美：所有这些专供著名画家、雕塑家和建筑家使用的研究，有时会用在这些大师的一部甚至多部著作里，除此之外，还为个别大师群体、独特的艺术门类及整个时代所使用。这些材料蕴含的信息极为丰富，极大简化了史学家的工作，直接引导他们实现自己的主要目标，帮他们用诸多碎片创建民族艺术持续发展的完整图景，奠定他们艺术世界观点的根基。

俄罗斯艺术史学家所处的环境极其恶劣。确实，在俄罗斯，已出版了不少珍贵文件，公布了许多文物遗迹，但当此书的编者必须着手汇总目前已出版的所有文献时，才发现这些材料并没有穷尽俄罗斯艺术的所有支脉和时代；其中一些信息完全缺失，有些信息有失准确，有些信息甚至具有明显的错误。在过去的整个19世纪，从未有人质疑那些无聊的历史爱好者竭力虚构的信息。这个充满善意但轻信的时代所遗留给我们的纸质遗产，首先需要面临的是吹毛求疵、刨根问底的审查，而这最终也会引起人们对文件资料的新一轮核查。对艺术文献的科学核查程序，不久前开始启动，而我国在这一领域真正完美无瑕、科学严谨的书籍，目前只有数十本，寥寥无几。在此条件下，编写此书要做的工作，远远超出一位普通的艺术史学家所要做的工作，因为他们已经不是简单地将根据早期所获材料得出的结论进行整合、思考，而是要考虑如何获取所需资料。

能否成功获取所需的所有资料呢？唉，要达到这一目的，需要成千上万研究者几十年夜以继日地工作。遗憾的是，如今还有空白：对这些空白视而不见，说明或者迷惑不解，或者缺乏勇气。若想填补所有空白，并且一切都要至少像意大利建筑史呈现得那样明朗，也就意味着不要再期待能看到《俄罗斯（建筑）艺术史》出版了。需要说明，之所以这样说，是因为即使意大利艺术史，也并未将所有的东西完全清晰地呈现出来。若此书的内容能够吸引那些活力十足、才能卓越之士，让他们有填补这些空白的冲动，那么，所有那些被迫编写此书的人，未来定会认为自己应得百倍的嘉奖，认为自己的努力真正得到了回报。不过目前，我们只能向这些空白妥协。为了减轻他们的负担，同时给对某些问题的细节感兴趣的读者以机会，让他们能够在相关手稿或纸质来源中找到答案，我们决定将注解部分放在显眼的地方，注解中的所有引用都写明出处，罗列一些顶级大师的所有作品，以及某些大师因为某些原因还未出版的作品，虽然后者可能并非一流，但依然非常重要。注解，会以小号字体呈现在页脚，这样丝毫不会影响正文的阅读，而且也不会让无关紧要的细节占据正文篇幅。最后，编者认为，应向推动本书出版的所有机构和人士深表谢意。编者高兴地指出，他们的援助如此重要，商人、艺术协会、俄罗斯和西欧各国博物馆馆长，各高等院校和基础艺术院校、国立档案馆、公共和私人档案馆的领导和职工，以及自愿参与、热爱祖国之美的业余爱好者的名单，煌煌数十页。如果没有他们，此书无法问世。就让此书作为他们齐力协助的见证吧！

莫斯科

1909年10月7日

伊·格拉巴里(И. Грабар)

绪 论

俄罗斯建筑的独特之处及世界影响

每个民族的艺术都是其民族特色的融合，在其成长与发展过程中，不可避免地会受到周围文化的影响。这些掺杂外来因素的起源，不仅没有摧毁它的独特性，而且常常以独特的力量和特色推动它前进，并使其走向繁荣。这种能发展为独特文化的能力，即陀思妥耶夫斯基所称的“俄罗斯思想和情感的独特之处”，在很大程度上为全民所有。一种文化越强盛，就越能征服其他弱小文化。俄罗斯文化的另一个特点更为明显：尽管同外国文化相比，它还存在明显薄弱，但俄罗斯文化蕴藏着极大的吸引力，这种吸引力不止一次使欧洲最强盛的文化都归附于它。移民到俄罗斯并积极参与俄罗斯新家园创作的意大利人、德国人和法国人，常常全然忘却自己本来的国籍，在性格上、精神上、情感上都成为了名副其实的俄罗斯人。虽然俄罗斯艺术史中的“异国人”没有俄罗斯政治史中出现得那样多，数量仍旧不少。移居西班牙的希腊画家狄奥托克普利，直到临终，都未曾用希腊文签名，如果他能被当成西班牙人，就能同祖尔巴兰、贝拉斯克斯一起，被称为西班牙民族艺术学派的奠基人；若移居到意大利的法国人让·布隆能变身为纯正的意大利人凡尼·达·波伦亚，并被看作意大利人而不是法国人；若意大利画家罗塞蒂已属英国人，或德国画家布尔和里泽纳被当作法国人，那么俄罗斯完全有理由，而且应当把那些无论是在俄罗斯艺术发展初期，还是在繁盛时期移居俄国的拜占庭大师和意大利大师，全都列入自己国家最优秀的大师之列。还有一些艺术家没有俄式姓名，但因祖辈流亡俄罗斯，所以，他们不仅生于斯、长于斯，并接受了俄罗斯艺术作品的熏陶，虽然他们到过异乡，但也只是像那些艺术学院的退休人员一样是为了深造，他们也当之无愧地属于俄罗斯。

显然，将非俄罗斯出身或半俄罗斯出身的冯维辛、赫尔岑、费特、柴可夫斯基、鲍罗廷等等归为“异国人”是非常荒谬的，他们正是普希金所言的“所有俄罗斯人中最俄罗斯的人”；并且认为，维涅齐昂诺夫、基普连斯基、布留洛夫、布鲁宁、戈[①]和列维坦，建筑学家拉斯特雷利、费尔滕、罗西、博韦和日利亚尔迪不算俄罗斯艺术家，那些观点的理由也并不充分。当然，并不是所有外国艺术家都可被看作俄罗斯人，他们中有不少人在俄罗斯艺术史上的作用完全是偶然形成的，无足轻重。他们的作品没有成为新时代祖国艺术成长的沃土，因此从人们的视野中消失，无迹可寻。他们当中一部分人回到祖国，一部分人在更强大的同辈中逐渐销声匿迹，无所作为。彼得堡科学院最早的一批艺术传播者，是为了传播艺术而特意从国外来的移民，也一直被看作外国人，因为他们的目标是教，而不是学。他们无法效仿自己周围的俄罗斯艺术，总是对俄罗斯原始艺术那笨拙的形式持高傲的态度，忽略了这种原始形式的背后在俄罗斯艺术中隐藏的宝贵的、值得研究的东西。然而，对于那些天赋异禀的“教师”所忽略的一切，那些回到粗陋故乡的艺术家并未错过。他们之所以关注，一部分原因是出于好奇，一部分原因是被体验新事物的愿望所驱使，还有人只是渴望建功立业，这在 18 世纪尤为典型，这是具有冒险精神的艺术家的时代。他们来到遥远的神秘国度之后并非无所事事，而是在这里发现了令人惊喜的美好事物，这些美好的事物涌入他们的头脑，并将他们的思想引入从未体验过的新维度。其中最卓越、最知名、最具才华、最敏锐的大师，不仅没有试图去摧毁俄罗斯本土艺术特色、用异国色彩异化它，相反，他们不遗余力地学习俄

① 全名为尼古拉·尼古拉耶维奇·戈，为俄罗斯著名画家。——译者注

罗斯艺术特色,仔细思考并探索俄罗斯艺术充满魅力的奥秘,从而创造属于自己的精神财富。

一个令人不安,但又重要的问题摆在我们面前:过去以及现在,俄罗斯是否存在伟大的艺术?这里是否建造过这样一类建筑:即使规模不如古罗马世界的殿宇和雕像,但依然是当之无愧的艺术珍宝,它们反映的并不是地方性的俄罗斯人的审美情趣,也不仅仅受到欧洲伟大思想和情感的影响,而且在世界艺术宝库中也占据显著地位。俄罗斯是否有过,或现在有没有这样的艺术呢?

关于如今20世纪初期有没有伟大艺术的问题,没有人可以回答,也没有人有权回答,因为我们当代人无法对此做出评判。前不久的经验、一系列不该犯的错误,以及不久前欧洲艺术批评家就一系列现代性问题因无知而得出的谬论,都告诫我们要小心翼翼地评判我们最熟悉的事物,因为我们现在仍活在其中并参与其中。而关于俄罗斯是否有过伟大艺术这一问题,我们有权且能够坚定地回答:是的,有过。俄罗斯历史上拥有璀璨的大师,其中有真正伟大的建筑师、画家、雕塑家、布景画家,我们可以骄傲地认为,他们能够与许多西方大师媲美。

建　筑

在总结俄罗斯艺术领域的成就时,我们会得出这样的结论:俄罗斯首先是建筑之国。总而言之,对比例的把握、对轮廓的领悟、在布景上的天赋和形式上的创新等方面,在俄罗斯历史长河中,时时处处都能发现俄罗斯建筑的优点,这让人想到俄罗斯民族独特的建筑天赋。如果有人因俄罗斯民族有许多外国人而对俄罗斯民族的这些特点产生怀疑,那么我们引用位于俄罗斯北方且仅由俄罗斯大师建造的木制建筑就足以消除疑虑了。木制建筑的形式独特,不会引起任何质疑。

至今,欧洲艺术史学家还持有一种观点,认为彼得大帝之前的俄罗斯艺术，仅仅是拜占庭时期略带野蛮的艺术，它从世界某个城市传播到荒凉的外部地区，因此必然会退化为毫无价值的风格。而从彼得大帝时期起，俄罗斯艺术只是对阿姆斯特丹、凡尔赛及其他欧洲国家赤裸裸的模仿。莫斯科的圣瓦西里大教堂，很早之前就被看作彼得大帝之前的罗斯粗犷艺术风格的典型，这里是真正的“奇珍异宝汇聚的花园”。但是，圣瓦西里大教堂绝非只是典型，它在俄罗斯艺术中独一无二。后来驰名的是莫斯科的另外两座教堂，一座是圣母圣诞大教堂，这座教堂不大，位于普金科夫，在特拉斯特修道院对面；另一座教堂是奥斯坦金诺的教堂，是俄罗斯风格的最佳典范。而著名法国建筑家和历史学家维奥勒・勒・丘克曾坚称，前者是最鲜明体现俄罗斯建筑风格的典范，而且是俄罗斯天才建筑师最伟大的创作。其中已经完全没有任何拜占庭的特点，俄罗斯风格首次展现得淋漓尽致。从未去过俄罗斯、从未论述俄罗斯建筑的法国权威人士，仅凭莫斯科友人挑选寄去的图片，就得出一些观点，却立即被众人接受，对俄罗斯整个艺术时代，特别是对 19 世纪下半叶的建筑产生极其不利的影响。这一时期可以称为普金科夫和奥斯坦金诺时期。在这个时代，因注重细微的砖块装饰，导致建筑形式变得庸俗，产生了比较丑陋的、体现“俄式品位”的展示性建筑，与原稿相差甚远。若说普金科夫教堂是典型的俄罗斯教堂，那它也仅仅是对 17 世纪的莫斯科而言。事实上，此前人们习惯认为，17 世纪是俄罗斯建筑的繁盛时期。但这种观点的产生，或许是因为对维奥勒・勒・丘克的观点反应太过迟钝，或许是由于对俄罗斯其他时代真正伟大建筑的认识不足。只要细看正规出版物的照片，就可以确信，俄罗斯最伟大的建筑，都不是在通常我们所认为的阿列克谢・米哈伊洛维奇统治时期建造的，而是在其统治的前后完成。

最古老的时期

俄罗斯从拜占庭帝国那里得到的不只是基督教，还有首批建筑大师。罗斯善于建筑,这是毫无疑问的。王公和有名望的人士可能都建造了富丽堂皇的住宅。但作为一门艺术、科学和逻辑系统,建筑是通过来自君士坦丁堡的大师才被人们熟知。起初在罗斯,基辅教堂由这些大师完全按照拜占庭的方式建造,然而,在这个地理位置最靠近拜占庭的地方,很快便产生了完全脱离拜占庭风格的倾向。这一倾向在遥远的诺夫哥罗德-普斯科夫州发展成为一种风格,这种风格如此鲜明、如此惊人,以至在最早期的建筑文物中,都能感受到那种地方特色、异国品位及异国典范,而它后来成就了诺夫哥罗德和普斯科夫的光辉艺术。在壮丽的教堂中、在教堂庄严又简约的风格中、在教堂圆顶雄伟的线条中,都流露出高高在上的权势:自由开放、伟大的诺夫哥罗德,就应该有这样的教堂。没有任何繁杂冗余,没有任何画蛇添足。建筑师没有采用任何多余的修饰,极力达到形式上的严密,这种形式从未丧失其结构意义,不会变为后来在莫斯科出现的那种纯粹装饰。如果建筑师采用装饰,那他应把装饰放到不显眼的位置,而且只把这种装饰看作墙壁画龙点睛的方式,而不是修建的主要目的。诺夫哥罗德的教堂就是遵循这一原则建造的,尽管十分雄伟壮丽,但没有太过庄重,也并未刻意显得重要,而是以简约出名。在这类教堂中,最重要的是圣索菲亚大教堂和尤里耶夫修道院教堂。对早期的俄罗斯艺术而言,后者十分重要,这是因为编年史中还记载了其建筑师的名字——诺夫哥罗德的大师彼得,他通过这一壮丽的建筑证明:早在12世纪初,罗斯就能够不依靠拜占庭人,可以自己建造(图1)。同这些大教堂一起,一些城市、城郊和村镇小教堂也渐渐出现。与淡雅的圣索菲亚大教堂和庄严的尤里耶夫修道院教堂相比,它们的独特之处在于亲切和舒适。之所以具有这些特点,是因为石砌建筑开始逐渐采用木制建筑的建造手法。人们开始建造一种独特的教堂:它的顶部被类似小木屋的斜坡覆盖,这样的斜坡通常有八个,因为所有的顶部都由两个垂直交叉的双坡小顶构成。诺夫哥罗德的费奥多尔·斯特拉季拉特教堂、彼得教堂、巴维尔教堂就是这样建造的(图2)。后来,诺夫哥罗德的一些追随者开始追求隐秘、舒适

图 1　诺夫哥罗德的尤里耶夫修道院的格奥尔吉耶夫斯基教堂. 1119 年

的风格，他们建造了一些带有钟楼的精美小教堂，偶尔会将钟楼塑造出庄严、雄伟的特点，例如巴拉缅斯基教堂，这是一座迷人的小型建筑，构思简单，却渗透着细腻的诗意和美感，真正让人产生温暖的感觉。伊兹博尔斯克的要塞城墙旁也有这样一座钟楼，单独坐落在风景如画的地方，绿油油的树荫衬托出其简约协调的风格(图 3)。格外精美的是古代普斯科夫的私人住宅，其中一些保存下来，当然，没有一座完好无缺，它们共同见证了古代普斯科夫民用建筑的繁盛。它们风格独特，甚至应被列为俄罗斯最珍贵的艺术瑰宝。莫斯科曾抛弃过诺夫哥罗德和普斯科夫的那种自由风格，同时也抹去了这类艺术的一切痕迹，让这种风格至此戛然而止，无法恢复。

诺夫哥罗德和普斯科夫建筑的独特之处，在于它们具有超乎寻常的魅力：城市建筑图纸并不是借助直尺和三角尺完成的，而是手绘

图 2　诺夫哥罗德的费奥多尔·斯特拉季拉特教堂. 1360 年

（伊·弗·博尔舍夫斯基　摄）

图 3　伊兹博尔斯克的要塞城墙旁的钟楼. 15 世纪

（弗·弗·佩列普廖奇科夫　摄）

的。无论在它们的总体轮廓中，还是在线条、拱门曲线、圆顶的弯曲、窗头线中，处处都能感受到自由的灵感，因此，建筑整体上没有一处枯燥乏味，处处赏心悦目。

罗斯诺夫哥罗德建筑是在拜占庭建筑的基础上发展而来，而这一基础，又在罗斯弗拉基米尔和苏兹达里的建筑中，通过另一种方式得以完善。这些早期风格的外形逐渐变化，它们部分受到当地环境的影响，而最主要的是借鉴了西方浪漫主义建筑风格，这就造成弗拉基米尔-苏兹达里地区的艺术风格不如诺夫哥罗德-普斯科夫具备独特性。佩列亚斯拉夫尔大教堂、弗拉基米尔大教堂、尤里耶夫·波利斯基大教堂等一座座教堂拔地而起。随后，莫斯科克里姆林宫大教堂建成。早期建筑在比例上有些笨重，它们深埋在地下的墙壁厚重、巨大，借此塑造出庄严的感觉。佩列斯拉夫尔-扎列斯基的教堂就是这种风格。后来普斯科夫出现了一些小教堂，它们保留了十分协调考究的比例，甚至可以与同一时期西方最好的建筑媲美。其中，最精美的当属靠近弗拉基米尔的涅尔利的圣母大教堂，它不仅是罗斯大地上建造的最完美的教堂，而且是世界艺术史上最伟大的建筑之一(图4)。与世界上其他伟大的建筑一样，涅尔利的巴克罗夫大教堂的美是无法通过任何纸质作品传达的，只有亲眼见过真实的教堂、在教堂周围树荫下漫步的人，才能感受到其难以言状的魅力，享受其细节上的完美，才有资格评价俄罗斯艺术史上这一真正的奇迹。

北方的木制建筑

石砌建筑得到发展的同时，木制建筑也在繁荣发展，特别是在远离诺夫哥罗德的地区，以北方滨海地区为主。到目前为止，木材仍是那里唯一的建筑材料，因此与中央省份地区的居民相比，罗斯北部地区的人们在看到古罗斯木制建筑的外观时，会感到更加亲切，因为中央省份的木材早已被石材取代。去过北方，在北部德维涅、奥涅加、梅津或洛涅茨基湖走过的人，终生都会铭记那矗立在茂密针叶林中

图 4　涅尔利的圣母大教堂. 1165 年

如童话般美丽的尖顶教堂。

这些诗人建筑师为教堂选址的本领也令人惊叹:他们所设计的结构极为精妙,能够将伫立于森林后或河岸峭壁的教堂顶部帷幕与周围景观、弯弯的河道、起伏的山川、平滑的草地和茂密的森林融为一体。北部那些位于河岸两边的宏伟教堂群落也让人印象深刻,从远处看,它们就像是拥有许多塔楼、屋顶的坚固小城。梅津河边尤罗姆斯克村的教堂群落尤为惊艳,直接将教堂简单轮廓造成的冷酷风格掩盖(图 5)。其中诸多教堂已经倒塌,有些已被烧毁,而更多的则是被那些无知的"善人"摧毁,另外许多建筑则因为人们遵循"老的信仰"而被荒废一百多年。从被荒废的那时起,教堂周围长起整片树林。教堂经过如梭的时间、残酷过往的侵蚀,却依然默默承受的样子,看上去十分凄凉,奥洛涅茨基省的许多教堂尤为如此,因为叶卡捷琳娜二世时期，奥洛涅茨基省曾关闭了十多所古老信徒派的修道院，其中就有著名的丹尼洛夫修道院（图 6）。那些在当地出生，后来在首都发了大财又暂回家乡的“善人”，根据首都的样式翻修了这些古老的建筑奇迹，翻修后的建筑充满现代罗斯郊外别墅的庸俗风格。而当地的大部分神职人员对这种“华丽的形式”感到诧异，曾经的美感逐渐减少，慢慢消逝。

图 5　梅津河边尤罗姆斯克村. 1685 年与 1729 年

（费・费・戈尔诺斯塔耶夫　摄）

莫斯科的崛起

不知不觉间，诺夫哥罗德和普斯科夫的建筑由木制结构变为石砌结构，一百年后，在石砌建筑中，又逐渐出现了新型的木制建筑。而在 16 世纪初的莫斯科，这一过程的发展则极其迅速，在莫斯科郊外，小村镇教堂一个接一个地涌现，几个世纪间，教堂几乎全部变成木制教堂。其中最早、最完整的，当属科洛缅斯基村和奥斯特洛夫村的教堂，由此开启了建筑史的新时代。通常人们会把彼得大帝执政时期之前的建筑史分为两个时期：蒙古统治前和蒙古统治后。这种划分不仅考虑建筑风格因素，也多少考虑了一些政治因素，因此是人

图 6　寂静的博尔地区废弃钟楼.丹尼洛夫新村修道院. 18 世纪

（弗·阿·普洛特尼科夫　摄）

为随机划分的。毫无疑问，鞑靼人统治也对莫斯科的建筑风格产生了影响，但丝毫未影响诺夫哥罗德的风格，因为诺夫哥罗德遵循的是旧风格，而且是在鞑靼人统治之后。由木制建筑转变为石砌建筑是所有民族建筑中都存在的现象，促进了完美的希腊教堂风格的形成，其作用更大，可以说具有决定性意义。因此，在俄罗斯建筑史中，将首个（四面或八面的）石砌锥形顶教堂的出现、锥形尖顶代替圆顶，作为新时代的开端。在这个交替过程中，鞑靼人的影响是最小的。与锥形尖顶木制教堂相同的是，在新形式的教堂中，正方形底座达到一定高度后变为八面，成为逐渐收缩变窄、向上延伸的锥形尖顶。而由正方形向八面的转变，是借助一组巧妙的小拱门或盾形饰加以实现的。几排小拱门或盾形饰向天空延伸，使结构无比轻盈又华丽美观。两座教堂都高耸在美丽的莫斯科河岸，像北方的木制教堂那样与周围环境完全融合为一体，形成了奇妙的新的建筑群。而关于它们出现的时间，我们只知科洛缅斯基教堂修建的确切时间，位于奥斯特洛夫村的主易圣容大教堂大约也在相同时间奠基（图 7）。除此之外，关于后者的诸多细节还说明，已在莫斯科工作许久的普斯科夫工匠也参与了建设。这些教堂建筑不再是厚重、敦实的形式，而代之以严格合乎逻辑的风格，很快便出现了仅偏重装饰细节、注重结构设计的建筑。以前诺夫哥罗德或莫斯科的大公——如伊凡三世——十分注重在建筑中体现其实际力量，在莫斯科大公建设的所有大型建筑中，总是自然体现出这种想法，后来这种想法被逐渐取代，从伊凡雷帝后期开始，不再那么注重建筑本身的力量，而是越来越注重向其他人展现自身的力量，注重复杂装饰、采用纯东方式富丽堂皇的特点，使世人惊叹。苏兹达里的教堂体现的是其大公所注重的厚重、庄严的特点，而莫斯科教堂的风格则与之不同，后者的风格富丽堂皇，故意装饰得非常华丽。诺夫哥罗德人则喜欢自由的风格，欣赏宽阔、朴素的墙壁，即使有装饰花纹，也只采用朴素端庄的形式，因此，他们并不了解上述这些内容。相反，另一些莫斯科教堂的墙壁则布满砖石花纹，花纹图案杂乱无章，让人产生一种慌乱忙碌的感觉，也让人觉得动摇、缺乏信心，好似有一种焦虑暗藏其中。具有典型时代特色的是布金基村的圣母圣诞大教堂，以及奥斯坦金诺大教堂。建筑学的主要任

图 7　莫斯科郊外奥斯特洛夫村的主易圣容大教堂

务也渐渐集中到墙壁装饰处理,并取得令人瞩目的成就,不仅涉及莫斯科当地,也包括雅罗斯拉夫尔、罗斯托夫、罗曼诺夫-鲍里索格列布斯克,特别是卡尔戈波尔。卡尔戈波尔的建筑受诺夫哥罗德传统的影响很大,当地的建筑师分寸感极强,几乎能够根据诺夫哥罗德的传统,借助莫斯科式的新方法处理当地教堂那沉重、平整朴素的墙壁。通过巧妙应用上述方法,这些墙壁好似布满了细小的装饰图案,这些花纹图案并非斑斓多彩,而是保留了严整、简洁的总体结构。报喜大教堂的墙壁便是如此。南侧墙壁比例考究,风格雅致,上面还分散着有花纹图案的窗子,可以与文艺复兴早期佛罗伦萨的宫殿媲美;东侧墙壁带有三个半圆形祭坛,是墙壁处理的杰作。让我们十分惊讶的是,那些幸运的建筑师竟然只用一些无足轻重的,甚至可以说是极小的手法就将它建造得如此华丽优雅(图 8)。

图 8 卡尔戈波尔的报喜大教堂的祭坛部分. 17 世纪中叶

(弗·弗·苏斯罗夫 摄)

那时莫斯科的生活比较注重表面和装饰,建筑自然也完全反映了时代特点。于是,这里不再遵循诺夫哥罗德式的结构逻辑,只求表面形式的多样,并且美学中又不可能不注重整体装饰布景。若从湖边看罗斯托夫,可看到上百个圆顶构成的梦幻景色倒映湖中,看到这样的景色，也就不会因过多修饰而去指责建筑师了。因为美总是比逻辑更准确，也更具说服力。面对莫斯科-雅罗斯拉夫式教堂的窗侧贴缘、门廊或整个墙壁，我们不得不承认，诺夫哥罗德和普斯科夫在建筑方面的成就的确很大，但莫斯科在装饰艺术方面的成就也并不比它们小。莫斯科郊外马尔科夫镇的教堂墙壁就是如此(图 9)。

图 9　布龙尼茨基县马尔科夫镇的喀山圣母教堂. 1690 年

(伊·费·博尔舍夫斯基　摄)

民用建筑和要塞建筑——老莫斯科全貌

对我们来说，莫斯科的民用建筑几乎全部被摧毁了，因为“木制的莫斯科”(除了克里姆林宫，当时莫斯科的建筑全部为木制)，除了捷列姆宫以及很久以后所建的几座建筑外，其他已全被烧毁，只留下些许残迹，莫斯科繁荣时的民用建筑，如今消失殆尽。而要塞建筑的情况要好得多，要塞建筑有设防城市的城墙、塔楼、城门以及曾作为小要塞的修道院的围墙，如谢尔吉耶夫圣三一修道院的围墙，还有那些坚固的要塞。许多这类建筑留存至今,其中一些无论在结构特点方面,还是在整体的构图美感方面,都可以与现代西欧同类建筑媲美。民用建筑中具有特殊意义的,当属克里姆林宫内的捷列姆宫,体现了建筑师渊博的技术知识和与众不同的审美。讲到老莫斯科的全貌,就不得不提 17 世纪时生活在莫斯科的外国人留给我们的大量图画,近期的研究,让我们能够复原图画中与过去现实极其相似的奇特生活方式,这种生活方式与西方国家不同,每一个来此旅行的人都感到十分惊讶。

乌克兰与莫斯科的巴洛克风格

每一个伟大的、世界性的风格无疑都是全民族的。它与各个民族普通的、偶然的、地域性的风格不同,具有极强的感染力,能够影响它所处的那个时代的整个人类,至少是与其有某些联系的人。罗马式盛行的时代,欧洲所有国家都涌现出许多罗马式结构或装饰,与哥特式时期哥特式结构或装饰的出现相似。文艺复兴给世界人民带来了新的价值观,并以迅雷不及掩耳之势遍及全球。罗斯也并不例外,这里和其他国家一样,创造了自己独特的罗马式、哥特式风格,同时,罗斯建筑中也体现出文艺复兴精神。文艺复兴的影响,主要体现在其早期和晚期,不包括文艺复兴盛行时期,因为早期充满了希望与期待,此时,人们被最早的文艺复兴所折服;而后期文艺复兴的影响逐渐衰落,人们开始用巴洛克式富丽堂皇、放荡不羁的特点进行粗略的装饰。在罗斯,第一阶段的特点主要体现在不同的建筑细节中,当时只是改变了建筑工艺,人们最喜爱的建筑类型几乎原封不动地留下了。巴洛克时期则恰好相反,引进了全新的类型。这种建筑风格特别适合内部宽敞明亮、高大明丽、结构和布局新颖巧妙的建筑,并且这种风格可能是欧洲所有建筑风格中国际化程度最高的,不过在它占统治地位的两百年间,某些民族特点并未完全消失。到处都是同样的内容、同样的方法、同样的细节以及不变的类型。并且也只有罗斯，在17世纪末接受了这种独领风骚的风格的相关元素后，敢于将其改造成特殊的、其他地方从未有过的类型。其中一个原因是：巴洛克风格只是意外传入莫斯科，与在其他国家出现的方式不同，文艺复兴时期的这一伟大风格有不同变种、不同特色，这些变种组成一条连续长链，而传入莫斯科的，则是长链的最后一环。另一原因在于，莫斯科并不是直接从西方以最纯粹的形式接受新风格，或者可以说，至少并非主要从西方引入，还从南方、乌克兰等引入，而乌克兰巴洛克也是从波兰、立陶宛传入的。乌克兰巴洛克，毫无疑问赋予这种世界性风格以民族特色，于是此处的巴洛克风格有很多纯地方性特色；其极其庄重的风格与此处传统装饰的特点有所不符，体现了扎波罗热地区的特点。圆锥式木制教堂与纯巴洛克装饰风格一起，由乌克兰传入了莫斯科，这种教堂的圆木锥形屋顶，并不是北方教堂屋顶那种向上变窄、连接不断的八边锥体，而是由几个向上渐渐收窄、一边压向另一边的八面体构成。这种形式由木制教堂运用到石砌教堂，出乎意料的是，由这些元素产生了一种全新的风格。人们即使想尽与它相关的一切，也仍未给它找到一个合适的名字。纳雷什金家族偏爱这种风格，并且建造了几座这种风格的教堂，于是有人尝试将其称为“纳雷什金巴洛克风格”；也有人根据它出现的时间，为其取了个绰号“彼得大帝与约翰大帝风格”；最后，有人提议将其称为“俄罗斯巴洛克”。最后一个名称能更清晰地说明它的本质特点，同时也表明它与西方巴洛克的关系，毫无疑问，最准确，而且最正确的名称，应该是“莫斯科巴洛克”，与意大利巴洛克、德国巴洛克、荷兰巴洛克及其他西方巴洛克不同，同时也与俄罗斯的另一种巴洛克——圣彼得堡巴洛克区分开。在二十五年有余的时间里，莫斯科巴洛克风格诞生了，像童话中所讲的那样，它极速生长，不断壮大、发展，变得更加完善、完整、完美，但也很快消亡。在那些短暂的岁月里，它曾是莫斯科人的最爱，并且鼓舞了这里的建筑师。即使最后仅有菲利镇的一座教堂留存下来，我们也应该承认，它创造的时代是俄罗斯艺术史上最强大的时代之一。莫斯科大展身手的时候终于到来了，它也可以自豪地将自己的建筑与诺夫哥罗德、普斯科夫的建筑一比高下。不是在米哈伊尔·费奥多罗维奇时期,也不是在阿列克谢·米哈伊洛维奇年轻时,而是在他暮年时,更多的是在费奥多尔·阿列克谢耶维奇、索菲亚时期以及彼得和约翰年轻时,莫斯科终于等到了其建筑艺术最为鼎盛的时刻。幸运的是,不仅在莫斯科及其周边地区,在接近莫斯科的那些省的中心地区,也还保留着莫斯科巴洛克式建筑。甚至普斯科夫也非常欣赏莫斯科伫立的这些新的典范,虽然不久前它还与莫斯科对立,但依然在伯朝拉地区对这种美感表达了迟来的敬意。这一风格最优秀的建筑典范当属位于菲利的圣母大教堂,就像精心编织的童话,无论构思还是建筑手法都无比完美,只有涅尔利的波克罗夫教堂、诺夫哥罗德与普斯科夫的教堂和钟楼可与之媲美。这里从上到下都是无与伦比的:无论是平面轮廓、迷人的装饰,教堂以及伫立、通向广阔之处的宽阔楼梯,还是巧妙、精致、严整的外形,以及墙壁上的装饰带等,所有这一切都体现了如伟大诗人、魔法师般的建筑师那精湛的技艺(图 10)。

图 10 莫斯科郊外菲利的圣母大教堂. 1693 年

彼得堡的巴洛克风格

彼得大帝时期，俄罗斯历史和艺术同时开启了新纪元。没必要认为，所有俄罗斯的东西都会在彼得大帝顽强意志的影响下灭亡，也没必要认为，它会被外来精神强行取代。从自身的性格、审美、品位、习惯和自身优缺点来看，彼得大帝是一个彻头彻尾的俄国人，与那些明里暗里指责他创新、指责他反基督教的敌人相比，他更像一个俄国人。虽然他曾想过，但不可能抹去莫斯科罗斯的起源，况且这些起源太过久远深刻，想要摧毁它，更是他力所不及的。那些由彼得引进的外来的一切，在一直与西方有关联的罗斯也算不上新鲜事物。莫斯科有许多外国人，他们在郊区修建了完整的欧洲小镇——德国小镇。彼得在这里度过了童年时光，也喜欢这里的习俗，后来在他建立的新首都也推行了这些习俗。但同时由于德国小镇紧靠白城[①]，导致本地元素与外国元素奇异混合，形成了莫斯科巴洛克严整的形式；而年轻的彼得堡，却无法抵制这种欧洲流行风格的涌入，所以，欧洲风格便以不同分支的形式蜂拥而至，包括法国巴洛克、荷兰巴洛克、德国巴洛克和意大利巴洛克。起初，彼得大帝时的彼得堡建筑像欧洲混杂的市场，从这种嘈杂中寻找具有俄国性格、俄国特点的痕迹也是徒劳。那时，彼得堡的外国大师如此之多，是整个俄国从未有过的。不仅这些大师，甚至他们的俄国学生也完全被巴洛克的超越民族特征所征服。于是，他们学习西方，开始设计巴洛克风格建筑，但由于技能和才智不足，导致结果更糟。彼得大帝将一些建筑师派去国外学习，后来他们又回到祖国，但他们实际都只是二流和三流建筑师。其中还有两人，一位在即将跨越国境时去世，另一位则在抵达国外不久后去世。因此，在这种情况下，他们不仅无法提高俄国的建筑工艺水平，并且还由于迫切需要而被迫建造，又降低了建筑艺术水平。随着

① 白城，莫斯科城内的一个地方。——译者注

时间的推移,学习建筑的俄罗斯人或在俄罗斯出生的外国人的后代被整批送往国外进修,建筑工艺又得到提高。而当时,在这种外来艺术中开始出现了最早的、别具一格的本民族特征。这些年轻人向欧洲最优秀的大师学习,专门研究了那些古老的、新式的建筑文物,而后从国外不同地方回国。回国后,他们学会用另一种眼光来看待祖国的一切,并开始赞叹他们以前不曾关注的事物。在国外接受教育,后又在俄罗斯开创整个时代的拉斯特雷利就带着这样的感受回国,他是从巴黎归国的雕塑家弗·谢·拉斯特雷利之子,在父亲归国时跟随回国。他在欧洲时,秉持的是另一种与巴洛克式不同的特殊风格,据此,他被划入了“洛可可式”。但在建筑方面,他并没有创造出其他巴洛克风格大师未曾创造出的新形式,只是引进了新的纯装饰方式,因此,也就无法为后来的巴洛克风格想出一个专门的名称。拉斯特雷利最著名的创作是圣彼得堡的斯莫尔尼修道院。接到伊丽莎白女皇的命令后,总建筑师在奠基前绘制了这一宏伟建筑的设计图纸,然后只做了修道院及主要教堂、所有建筑架构、塔楼和墙壁的模型。这个模型本身就是一个艺术奇迹:这个大型构图中的每一座建筑都是根据精确的图纸由木头制成,而且建筑中的每一个小的细节,所有的房间都绘制、雕刻得像现实中它本应建成的样子,极其完美。这项工作由拉斯特雷利直接监督完成,他亲自审查每一部分,并将模型着色,俨然一座完工的建筑。同类艺术家头脑中也产生过诸多类似的作品,他们的想法具有独创性,充满了智慧,还幻想着奢华,而拉斯特雷利的想法,是其中最伟大的构思之一。不过,并非所有的想法都需要在现实中一一呈现,如钟楼只出现在模型中,而对于大教堂的建设,拉斯特雷利也只是粗具规模,直到奠基将近百年后教堂才完工,且最后变化较大。模型现存于艺术学院的仓库中,但严重受损,有的地方完全破损、被糟蹋,整体而言几乎被完全毁坏(图 11)。本书作者想方设法拿到了模型的不同部分,并根据拉斯特雷利的设想,将所有部分重新组合起来,它宛如一座天才构造的建筑幻境,面对这座模型,作者发出由衷赞叹,只有在洞察了世界艺术中最伟大的建筑

图 11　弗·弗·拉斯特雷利设计. 斯莫尔尼修道院模型. 1749 年

（艺术科学院提供）

后，才会发出这样的感叹吧。当看到绿松石墙壁，墙壁上的白杆、飞檐、柱子和窗子饰框，当见到无数金色图案和十字架的屋顶，会让人不由自主地想起像罗斯托夫这座城市一样童话梦境般的俄罗斯古老小城，这样的小城定会激励伟大的建筑师。毫无疑问，我们应该承认，这座童话般的修道院体现了俄罗斯精神，因为它最原始的模型、构造，都是在俄罗斯精神的主导下完成的。

古典主义的萌芽

拉斯特雷利学生众多，他的学生们将其思想传播到俄罗斯大地最遥远的地方。不仅在圣彼得堡，甚至此前在西方，就已出现巴洛克风格所有形式几近崩溃的迹象。这些形式越来越华丽，很快让人们感到审美疲劳，并因此唤起了人们对简单、柔和线条和形式的渴望。两个世纪的沉寂后，文献作品中又开始谈论古代世界之美，也开始讨论挖掘出土的整个赫库兰尼姆古城遗址是如何让世人大吃一惊的。恰逢此时，即 18 世纪中叶，圣彼得堡成立了艺术科学院。艺术科学院由伊·伊·舒瓦洛夫创立，他接受过良好的教育并时时关注西方审美的演变，成立科学院时，他并未寻求拉斯特雷利的帮助，因为他认为拉斯特雷利的风格太过粗糙，同时又太过华丽，而是请认同古代简约风格的科科里诺夫和法国人德拉莫特协助。他们两人一起设计了科学院建设项目，这一项目成为欧洲最美的建筑之一。随着叶卡捷琳娜二世执政，拉斯特雷利的地位逐渐下降，科科里诺夫和德拉莫特的过渡风格也逐渐被里纳尔迪[①]那明显的古典主义倾向所取代。这就是被称作“路易十六风格”的时代。从这一阶段开始，艺术开始迅速追溯过去，逐渐沉醉于古代世界，并且后代总比前代更沉醉于远古时代。首先，他们仔细研究了最严格、最具古典特征的文艺复兴大师帕拉弟奥，然后又向前追溯，学习了罗马维脱鲁维的著作，同时还测量、绘制和修复了罗马时期的建筑，最后还考察了位于意大利的希腊殖民地，特别是派斯同和西西里岛，然后慢慢到达雅典，但他们并没有停留此处，而是继续深入埃及内部，到埃及的庄严寺庙去寻找灵感。这个在过往不断深化的每一步，都与 18 世纪、19 世纪建筑史的某个时期相对应。

直到不久前，这个古典主义的第二次复兴被定义为“伪古典主义”，这一术语并不是为了将那些错误理解古典世界的诗人、艺术家与那些以其他“真正的”方式理解古典主义的人区分开，整个 18 世纪末至 19 世纪初，都被笼统地称为伪古典主义时期。但为了保持连续和一致，这个术语不应该单指这个时代，而是要将罗马人的所有艺术都称为伪古典主义，包括从希腊艺术演变而来的罗马艺术、后来源自埃及的罗马艺术，以及文艺复兴时期与罗马相关的艺术。经典作品开启了伟大的、名副其实的永恒开端，这些开端曾多次让人类脱离停滞状态，将人类从绝望的死路拉回，将人类从昏暗潮湿的地方带到光明辽阔的世界。毫无疑问，为继续向前迈进，世界很多时候都注定要回归过去，从古代美的宝库中汲取力量。

俄罗斯第一位学习巴洛克学派，但最终又坚决与之决裂的“经典

---

① 约 1710—1794，俄国建筑师，意大利人。（译注）

艺术家”是塔夫利达宫的建设者斯塔罗夫。这座建筑几经改造，但若想知道这位从年轻的舒瓦洛夫科学院毕业、俄罗斯首位伟大的建筑师的信息，也只能通过这座建筑间接了解；若想评判这位建筑师的才能，也只能通过塔夫利达大公那些豪华大殿的些许细节、一系列图纸和资料描述来了解。在塔夫利达宫移交国家杜马之前，人们还可以欣赏它宏伟的柱廊，这是世界上唯一如此壮丽宏伟的柱廊（图 12）。这一列列圆柱建成后，将宽阔的主楼划分为两个大厅，自此开启了俄罗斯建筑史上“圆柱[①]辉煌”的时代。从那时起，圆柱便成了每个建筑构思中必不可少的部分，好似成了建筑师构思的核心。建筑师斯塔罗夫对圆柱倾注了大量的心血，在圆柱的比例和细节中，蕴含着他内心深处最隐秘的想法和感受。不知不觉间，所有人都喜欢上了圆柱，圆柱逐渐从宫殿运用到私人住宅，从首都传到不同省份，在整个俄罗

图 12　伊・叶・斯塔罗夫.塔夫利达宫门廊. 1783 年

---

① 此处原文中使用了“колонна”，我们翻译为圆柱。——译者注

斯，无论“贵族之家”，还是“带阁楼的小房子”，都伫立着白色的圆柱。这些圆柱与周围的桦树、俄罗斯山涧的线条融为一体，逐渐成为了俄罗斯的宝贵财富；在农村，甚至还成为了俄罗斯乡村的特色。

叶卡捷琳娜时期的古典主义

叶卡捷琳娜二世自己都曾承认，她真的痴迷于建筑。从她执政的第一天直至最后一刻，都在不断建造。那时，一座宫殿的屋檐还未开建，她就已经开始另建了，同时还命令第三位建筑师开始设计另一座宏伟建筑的草图。她的修建并非只为自己，也并不是为了完成她无休止的、越来越多的想法；她所有的建筑活动，自始至终只是因为她对自己新家园的热爱，以及她迫切渴望看到新家园之美的愿望，直至离世，这份热爱都丝毫未减。她还建造了宫殿、国家机关大厦，建造了医院和简单的私人住宅，并将这些住宅奖励给她的“老战友们”。在建筑过程中，她并不只是给建筑师下达命令。她不仅对建筑的特点、房间的主要布局感兴趣，还深入研究建筑中那些微小的细节，观察墙壁装饰的细节图，并与图纸设计者一起探讨建筑的优缺点，俨然真正的专家。她还亲自制作图纸、图像，对她来讲，与最喜爱的建筑师探讨，便是最大的乐趣。这些建筑师有斯塔罗夫，还有前辈里纳尔迪、德拉莫特。但由于叶卡捷琳娜二世认为斯塔罗夫并不是纯正的罗马人，于是，苏格兰人卡梅隆便以其华丽的罗马式多棱顶的建筑图纸征服了她，而卡梅隆也取代了斯塔罗夫。短期之内，卡梅隆在皇村和巴甫洛夫斯克创建了真正的建筑奇迹，很快，叶卡捷琳娜二世又觉得他的风格似乎太优柔、太女性化、不够严肃，于是他又被欧洲艺术史上最伟大的人物之一——夸伦吉取代。自抵达俄国后直至去世的三十五年间，夸伦吉在这里修建了当时最雄伟的建筑。除了从圣彼得堡去意大利的旅途中在德国南部建造的一座小楼，他在俄国境外没有营造任何建筑。叶卡捷琳娜二世认为，夸伦吉是一位完美的罗马人，不可替代。除皇村的亚历山大宫、冬宫剧院以及圣彼得堡的一系列其他建筑杰作，他在俄国还修建了诸多庄园。他的作品遍布各个省份，有些作品即使并非他亲手修建，也均受他的影响。其中一些庄园曾是叶卡捷琳娜时期贵族的宏伟宫殿，但其中完整保存下来的并不多，有的被摧毁，有些被洗劫，其他的被遗弃，几近破坏或拆毁。而在远离首都数千英里的地方，在遥远的偏僻之地，有美妙的景色、奇特的门廊、极好的柱廊，简直不敢相信这些竟在德涅斯特河岸，而不是台伯河岸；这不过是我们某个人的祖辈的房子留下的唯一遗迹，而不是恺撒宫殿的遗址。看到这些，一种难以言喻的忧郁侵蚀着我们的灵魂，一种恐惧占据了我们的内心：我们的祖辈如此伟大，而我们竟不配作为他们的后代，即使我们无法像他们创造出那样的美景，但至少也应该保存好，确保它们不被摧毁。在位于切尔尼戈夫省巴图林，由夸伦吉建造的基里尔·拉祖莫夫斯基宫的废墟前，这种感觉尤为强烈(图 13)。

图 13　夸伦吉. 切尔尼戈夫省巴图林市的基里尔·拉祖莫夫斯基宫门廊

(尼·尼·乌沙科夫　摄)

亚历山大时期的古典主义

叶卡捷琳娜古典主义的灵感源于罗马艺术风格,这些风格在保罗统治时期依然具有强大的魅力。转折发生在亚历山大一世统治时期,当时具有决定性影响的是古希腊风格:不是三至四世纪时的希腊风格,也并非古罗马风格,而是五至六世纪时的古希腊风格。从希腊的复古主义到田园牧歌仅一步之遥,其影响力自然不会慢慢呈现。叶卡捷琳娜时期,富丽堂皇的科林斯柱(也是罗马人最喜欢的柱式)被取代,源自派斯同波塞冬神庙的那种严整、古老柱式开始流行,多立克式成为主导形式。当时,有一种源自本能的渴望支配着那个时代的所有思想和理想,这便是对“简朴”的渴望。叶卡捷琳娜时期,建筑的外墙、内墙好像都不简单,而到这一时代,建筑师舍弃了所有不必要的部分。对建筑师来说,平整的表面最令人高兴。只不过在某些地方,为了更突出平整墙面的庄严和美感,建筑师会用雕刻花饰或装饰花纹将光面切断,暗指建筑结构框架的各个部分,这些建筑根据设计平面图建设,简单、逻辑严谨,其装饰面也同样简洁、符合逻辑。这一特点使亚历山大古典主义与诺夫哥罗德、普斯科夫的建筑有些相似。虽然两个时代的建筑师相隔五个世纪,但若将两个时代的建筑相比,人们自然由衷感叹:建筑师的想法如此相近。自然而然就出现了一种观点:虽然时间相隔很远,但罗斯时期几个世纪,对亚历山大时期的俄罗斯可能会产生影响。对希腊和多立克式简约风格的爱好席卷欧洲,但在这里,它们很快被新的潮流取代,这种爱好在纸张、相册草图中,在未实施的规划中,以及在装饰艺术和应用艺术中都留下了印迹;在俄罗斯,这个爱好有着深厚的根基,应该也可以认为,它找到了利于自己发展的沃土。所有这些都促使俄罗斯建筑蓬勃发展,要知道,自诺夫哥罗德时代,俄罗斯建筑从未如此繁荣。更重要的是,在亚历山大时期,俄罗斯是唯一使世界真正具有伟大建筑时代的欧洲国家。

在和平征服世界的过程中，亚历山大那迷人的、谜一样的个性，注定会起到关键作用，维亚泽姆斯基曾称他为“猜不透的斯芬克斯”。以前从未有过像他这样在位时被真正加冕的建筑师。他继承了祖母对建筑的热爱，但叶卡捷琳娜在完成其伟大事业的过程中，偶尔会有心血来潮的想法，而他研究时，一般都会深思熟虑，其建筑终于摆脱了心血来潮、异想天开的色彩。若祖母可以为自己建造的“北方的帕尔米拉”感到自豪，那她的孙子自然更可以将彼得堡看作是自己的伟大创作，因为彼得堡大部分建筑都营造于他执政时期，而且他也直接参与了建设。在建造彼得堡的私人建筑时，需将图纸交给他，由他“审验通过”才可修建。对于国家建筑和公共建筑来说，这个流程自然无可厚非，因为建筑所有部分都要仔细斟酌、讨论和改进，需经过长时间的准备，才可开始修建。但对于私人建筑，许多人则认为，最高掌权者干扰私人审美和意图是不合适的，甚至是有害的。这在一定程度上抑制了生活和艺术的发展，我们会在尼古拉一世时期的相关内容中看到，但历史上也有起到相反作用的例子。此时，我们想起了伯利克里时代，当时得益于艺术专制(可能几乎是真正的审美暴政)，在雅典建造了永恒、唯一的雅典卫城。事实上，专制的伯利克里和菲迪亚斯都是天才，他们以其艺术感染力征服了同胞，同胞们也从未察觉到自己竟被美学奴役。亚历山大一世时期的俄罗斯也有类似情况。他有精致的审美与极强的敏锐，以致同时代人从未想到这是上级给他们的审美压力。在他统治的光辉岁月，建筑学科诞生了，这是自古以来闻所未闻的事情。那时，不仅建造了独立建筑，还有整个广场、街道，其中的线条、轮廓，都经过精心设计以增强整体的美感。为使新建筑与周围建筑融为一体，他们毫不吝惜，拆除、毁坏了周围的一切，并为新建筑建造了新的背景，新背景所属的工程，又对中心部分有利，提升了这一庞大构图的中心部分。

亚历山大古典主义时期始于沃罗尼欣，一位在叶卡捷琳娜建筑影响下成长的大师，他建造的喀山大教堂属于这一风格，而他修建的另一座建筑——矿业学院则完全是新时代风格。正面多立克柱廊的柱子受派斯同影响,远景冷峻,这样的柱廊是审美即将改变的首要信号(图 14)。圣彼得堡交易所是托蒙所建的优秀建筑,建筑规模更大、更宏伟,同时也更简单。但其中居于首位的,当属扎哈罗夫修建的海军部大厦,不仅是圣彼得堡最优秀的建筑,也是欧洲最宏伟辉煌的建筑之一。这座建筑中,亚历山大古典主义所有优秀的特点以完美、纯粹的形式结合在一起,万众瞩目。最壮观的部分是面向涅瓦河、顶部镶有海豚的陈列室,以及面向涅瓦大街的正立面。可惜的是,正立面被树木包围、遮挡,人们无法欣赏它迷人的美景,但对于目光所及的那部分,若靠近它的墙壁,也会给人留下深刻的印象。正门则充满灵感,装饰饱含想象,同样令人惊叹(图 15)。

图 14 阿・尼・沃罗尼欣.圣彼得堡矿业学院门廊. 1806 年

尼古拉时期的古典主义与最新趋势

新皇统治的最初几年,建筑风格与上一时代的古典风格相比几乎没有变化,营造的新建筑依然属于亚历山大古典主义风格。当浪漫主义开始影响建筑师,转变也由此开始了。浪漫主义一如既往地

图 15　阿·德·扎哈罗夫. 圣彼得堡海军部大厦. 1806—1810 年

源于文学界,由文学界延伸至绘画、建筑和雕塑领域。当战胜拿破仑的消息如旋风般席卷而来时,舒适的壁炉、安静的乡村生活、宁静的牧群等,一切都变得无比珍贵、甜美,这时也就不再需要古时那种严酷的线条和形式了,因为对新时代的人们来说,那些似乎有些冷酷、死气沉沉。现在,人们需要的是温暖、舒适和热诚。起初人们试图将新时代的精神注入旧形式,但很快他们就被迫寻求一种新形式。与此同时,欧洲也摆脱了被暴君奴役的生活,不同地区的民族认同的本能陆续觉醒,自然而然地,所有民族从对陌生的希腊人的关注,转而关注自己的祖先。整个西方开始研究、复兴哥特式,这是唯一逃脱古典主义影响的伟大欧洲风格。人们自然认为,俄罗斯也会出现类似的情况,并且将很快出现。但由于某些奇怪的误解,当时,俄罗斯建筑师起初研究的并不是诺夫哥罗德、普斯科夫、苏兹达里、莫斯科艺术留下的民族元素,而是研究西方喜欢的哥特式,或者是启发了第一批俄罗斯大师的拜占庭风格。但这种风格被"践踏式"修改,几乎无法辨认，也失去了它本来的特点，仍被尼古拉一世坚定地运用到生活中。当时除了“沙皇批准”的那些建筑，尼古拉一世严禁建造其他风格的教堂。曾修建彼得戈夫公路旁叶卡捷琳娜教堂的德国人托恩，研究了这种好像唯一适合东正教教堂、唯一属于“真正俄罗斯”新风格的规则，他的审美很快开始变得粗糙，似乎丧失理智。此后出现了数以百计这种丑陋的“俄罗斯”风格的教堂，如今依然遍布俄罗斯，莫斯科也无法避免。莫斯科还出现了这一风格的设计者和推崇者修建的宏伟建筑，如救世主大教堂。但托恩的获胜，并不意味着所有建筑都沦陷，19 世纪 30 年代仍有坚守最优秀建筑传统的人，其中最伟大的就是斯塔索夫，在亚历山大时期就已经修建了诸多杰出建筑，后来在尼古拉时期，继续建造位于莫斯科大道上的凯旋门等杰作（图 16）。在严谨、简朴方面，只有托马诺夫修建的交易所、扎哈罗夫修建的海军部大厦，才能与之媲美。罗西同样是一位伟大的建筑师，他修建了参议院、亚历山大大剧院，后者包括剧院大街和车尔尼雪夫斯基小广场。确实，他们所有人都参与修建了伊萨基辅大教堂。虽非天赋异

图 16　弗·彼·斯塔索夫. 圣彼得堡的莫斯科大道的凯旋门. 1833 年

禀,但仍然相当出色的建筑师蒙费兰也是如此,在亚历山大一世时期,他就开始了自己的事业。但想要不被雷厉风行的帝王最爱的风格吸引、诱惑,并不容易。尼古拉统治时期,有几位优秀的建筑师,如亚历山大·布留洛夫,特别是俄罗斯最美楼梯之一的建设者普拉洛夫(图 17)。

图 17　彼·谢·普拉洛夫. 圣彼得堡玛利亚皇后机关总部楼梯. 1835 年

托恩的"俄罗斯风格"很快就被比它更糟糕的替代品所取代,这些替代品上雕刻了圣彼得堡郊区别墅区特别流行的公鸡、花纹条带。因为是由罗佩特提出,后由弗· 弗·斯塔索夫完善,因此,这种风格可称为"罗佩特式",或"罗佩特-斯塔索夫式"。命运就是如此离奇,斯塔索夫竟然是亚历山大时期著名建筑师的儿子,后来,他的儿子极大促进了他那些杰作的传播,向世人展示了这些优秀作品,俄罗斯人完全可以为此感到骄傲。罗佩特俄罗斯风格的内涵,本质上只进行了微小的改变,最近才有几位才华横溢的建筑师开始反对他的风格,这些建筑师意图重振诺夫哥罗德与普斯科夫传统,并从罗佩特的艺术中为自己的创作寻找灵感。

那些按照"俄罗斯风格"创作的人,同时也很擅长西方流行的所有风格,要知道,西方风格可是每十年就要更换一次。19世纪下半叶,欧洲与俄罗斯的建筑风格大多都是文艺复兴时期风格与巴洛克风格的奇特混合,这种风格借鉴了以前优秀建筑师们曾经采用的细节,然后将所有细节进行任意组合,但他们采用的多是没有个性、庸俗的细节。这种混合风格可称为"第二帝国风格",因为其出现于拿破仑三世时期的巴黎,并由此传播到整个欧洲。

最后,圣彼得堡还十分重视欧洲19世纪最后几十年间出现的建筑潮流,由反对60年代的混合风格所激发。这种"新风格"或"现代风格"一度曾在莫斯科深受欢迎,在莫斯科,它的形式较为庸俗,在圣彼得堡也没有扎根,不过这里也有几栋优秀建筑,这些建筑中,所有惹人生厌的细节都被删除,与流行规则相比,更具个人品位。

18世纪的莫斯科——弗·伊·巴热诺夫

随着圣彼得堡的建立,俄罗斯的所有建筑可以分为两种明显不同的类型,即圣彼得堡建筑与莫斯科建筑。由于18世纪上半叶圣彼得堡还未建城,也没有任何传统,因此,传统无处可寻。而在莫斯科,传统从未间断。圣彼得堡建城后仅半个世纪,我们就看到了传统最初的特征;而在莫斯科,同样是18世纪,建筑第一眼看上去似乎并不像莫斯科的,甚至也不像俄罗斯的,而是外国的。在成千上万的建筑中,除了建筑师的构思,先前存在的建筑,不可避免地会对新建筑产生影响,有时,这种影响还会与建筑师的构思相反,于是,新建筑就会有某些与周围房屋相似的微小特征。在周围都是森林、沼泽和水的情况下,不会出现这样的情况。

17 世纪时，莫斯科就已经有精通教堂和宫殿建设的出色大师了，也正如我们所知，他们历经三十多年，创造了一种极度完美、完整、美丽的风格。由于在此期间，这里修建了大量新的建筑，因此，此处成立了一所卓越的学校，产生了几位杰出的建筑师。其中，伊万·扎鲁德内当居首位，他为缅希科夫修建了一座完全原创的教堂，一直保存至今，被称为缅希科夫塔。其中，最为壮观的是教堂大门，上面有涡卷饰，涡纹直至地面(图 18)。这是让整个欧洲都为之震惊的巴洛克建筑之一，难怪当时扎鲁德内被委以重任，为圣彼得堡刚重建的彼得堡罗大教堂绘制图纸，完成巨大的雕塑圣像。缅希科夫塔的许多细节表明，它与 17 世纪的莫斯科有千丝万缕的联系。扎鲁德内之后，莫斯科另一位著名建筑师是乌赫托姆斯基公爵，他是谢尔吉耶夫圣三一修道院的钟楼以及红门的建设者，也是科科里诺夫和天才建筑师巴热诺夫的老师。巴热诺夫从艺术学院毕业后，在巴黎、意大利工作了较长时间，特别是在意大利，向古典主义者长期求教；他在这里享有很高的声誉，入选多个科学院的院士。他带着所学知识和本领回到俄罗斯，后来，当叶娜捷琳娜二世打算在莫斯科修建前所未有的宏伟宫殿，替代所有克里姆林宫时，她选定巴热诺夫来规划、实施

图 18　伊·彼·扎鲁德内. 莫斯科的缅希科夫塔. 1705—1707 年

这个项目。十多年间，他一直投身这个项目，设计了一些奇妙的图纸，还建造了完美的模型：模型中，每一个独立房间的照片都可以作为实体建筑的图片，而非仅是模型，这在全世界都是独一无二的。与这个模型相比，拉斯特雷利做的模型就像儿戏。这个项目最终并未完成，却依然让人振奋，因为它为我们将克里姆林宫保存下来，这里曾经是注定要破灭的迷人童话。但是，若巴热诺夫真正建成宫殿，必将成为世界上最宏伟的建筑，因为宫殿本要占据克里姆林宫的整个空间，甚至克里姆林宫的教堂也要被纳入宫殿院中，而且要建成的宫殿，无论在外观、构图、建筑形式的多样性方面，甚至在花费的财力方面，都将是最不同寻常的；花费的大量金钱，本来打算建造华丽庄严的接待大厅、女王的豪华房间、亲信的房间、剧院、杂用房、所有国家机关和莫斯科的办公场所。

马特维·费多罗维奇·卡扎科夫及其流派

被称作 18 世纪莫斯科，甚至可称作全俄罗斯最伟大的建筑师是卡扎科夫，他与巴热诺夫属于同一时期，而且是巴热诺夫在克里姆林宫宫殿建设时的同事。这是一位神秘之人，在莫斯科的乌赫托姆斯基公爵及其继承人尼基京那儿接受所有教育，从未出国，是一位极具天赋的建筑师，只有文艺复兴时期的巨匠可与他相提并论。他在伊丽莎白统治时期就已开始自己的事业，在最放荡不羁的巴洛克时期，他经历了包括亚历山大时期在内的古典主义的所有阶段，但仍然保持极强的个性，始终将个性化放在首位，创造了自己的，也决定了整个莫斯科建筑未来方向的“哥萨克风格”。若将同时代圣彼得堡的建筑与莫斯科建筑进行比较就一定会注意到，莫斯科建筑更温暖、更亲密，甚至好像是“善良的”，而圣彼得堡建筑让人感觉更古板、更僵硬、更阴沉冷漠，仿佛更让人心惊胆战。莫斯科建筑的这些特征，在卡扎科夫的作品中尤为鲜明，即使在非常庄严的宫殿中——如帕什科夫楼，即现在的鲁缅采夫博物馆——

卡扎科夫也会注入自己那让人不可抗拒的、温暖亲密的个人精神魅力。但对于其他任何建筑师，这种想法不可避免地会变得冷酷，不会像这座欧洲独一无二的建筑，这座真正的建筑奇迹一样温暖。即使是老一辈的莫斯科人，也很少有人知道他的另一建筑杰作：拉祖莫夫斯基伯爵宫，现在是尼古拉耶夫孤儿学院（图 19）。

图 19　马・费・卡扎科夫.莫斯科戈罗霍夫镇的拉祖莫夫斯基伯爵宫.现在是尼古拉耶夫孤儿学院. 约 1790 年

它的中间是唯一几乎未被破坏的部分，其中大型壁龛上有一个奇怪的入口，这一部分充满了丰富的想象力，具有独创性，其他建筑无可比拟。叶卡捷琳娜与保罗统治的整个时期、19 世纪的前十年，莫斯科所有大型建筑的修建都有卡扎科夫的参与：或是他自己建造，或是别人建造而他负责设计图纸，或是提出一些被同代高度赞赏的建议。若研究、熟知他建造的所有建筑，定会被他灵活多样的天赋所折服。

奥西普·伊万诺维奇·博韦及其流派

1812年的大火之后，莫斯科只有少数建筑幸存，没有受到损坏。石砌建筑的屋顶大多被烧坏、被熏成黑色，几近损毁；而木制建筑除了极少数例外，均被烧成灰烬。随着拿破仑大军的离去和春天的到来，莫斯科又迅速从灰烬中拔地而起。早在5月，为了修复这座毫无生气的城市，团结一切相关的力量，“莫斯科建筑委员会”成立并开始运作。无论遇到什么困难，委员会都会立刻上报给这一伟大事业的灵魂人物——沙皇亚历山大。该委员会由无私刚毅的工人领导，而所有建筑方面的工作，则主要由卡扎科夫的学生博韦调研检查。

有时，玩笑也许就是事实，谈及莫斯科重建时，有些爱开玩笑的人曾说：“火灾促进了莫斯科装饰的发展。”确实，世界上其他任何地方、任何时候，都从未像1812年后的莫斯科这样，有这么多对创造一个伟大的建筑时代有利的条件，同时汇聚在同一地方。必须重建这座被烧毁的城市，这是民族骄傲的促使，也是沙皇的意志。当时提供的资金非常充裕，远远多于所需。那些大部分时间生活在圣彼得堡、在莫斯科也拥有宫殿的贵族之间，那些富裕的农民和商人之间，以及“建筑委员会”之间，似乎默默达成一项协议：不仅要复活此前的莫斯科，还要远远地超越它。因为不可能将所有被烧毁石砌建筑的墙壁都拆至地基部分，当然也没有必要，同时也不符合将伊丽莎白和叶卡捷琳娜时期的老旧形式改为符合新时代的要求。由于巴洛克风格建筑框架的诸多细节均被抹上灰浆，并且按照亚历山大古典主义风格装饰，因此，虽然并不是全新的风格，但无论如何，都是这种新风格的变体，这是欧洲闻所未闻的。若万能的“建筑委员会”认为建筑的外观不够端庄体面，则不能建造公共建筑，更别说私人建筑。若确实遇到这种情况，或者向委员会提交新的方案，或者由委员会自己的建筑师提供。短期之内，莫斯科涌现出大量大型建筑——医院、商场、公共建筑以及那些迷人华丽的豪宅，从中都能感受到卡扎科夫和蔼可亲的性格,建筑被摧毁前他还在世,终归没有躲过此劫。其中,最美的当属诺温斯基大道上加加林公爵的房子(图20)。房子正立面的灵感源于拉祖莫夫斯基宫,难怪会由博韦建造,不愧是他伟大老师的忠实学生。若大家还记得,博韦领导着委员会,拥有数十名由他亲自挑选、经验丰富的建筑师,那么就会明白,莫斯科即将迎来一个辉煌的时代。

图20　奥·伊·博韦.诺温斯基大道上加加林公爵的房子.1817年

杰缅季·伊万诺维奇·日利亚尔迪及其流派

那些促进莫斯科出现大型建筑的所有因素中,有一个具有决定性意义。如果这个时代的所有建筑作品都仅源于官方机构,那么,即使领导者的目的最好、最纯粹,但由于官方机构的机制会导致机构无法灵活运转,最后,机构或是完全荒废,或是成为没有灵魂、只负责经手文件的机器,进而威胁建筑事业。博韦及由其领导的建筑委员会都是官方的,但并不是当时建筑领域命运的“主宰”。同时,与博韦在莫斯科共事的还有另一名建筑师，也是由卡扎佐夫学校毕业，但要比博韦早两年步入社会，这就是莫斯科教育之家建筑师的儿子——杰缅季·伊万诺维奇·日利亚尔迪，他证明了俄罗斯也存在可以在自己的作品中融合俄罗斯艺术顶峰时期得以存在的、所有理想的典范。与他同时代的所有人，都感受到了他的天赋，他的艺术个性魅力如此之大，以至于人们认为，委员会没有资格审核他的艺术作品。当需要建造一些重要、美妙绝伦的建筑时，人们会直接找他。建筑委员会中也体现了他强大的思想影响力度，委员会许多建筑师都是他的学生或追随者。必须从日利亚尔迪的艺术中，从这个俄罗斯建筑史最宏伟的现象中，才能找出官方委员会如此具有活力的原因。这确实是一个黄金时代。

若仔细研究日利亚尔迪的建筑，就会发现他与卡扎科夫的相似之处。不仅与卡扎科夫相比，甚至与博韦相比，他都更严肃、更严格。更让人不可思议的是，即使是他所绘的冷酷直线，也让人感到温暖舒适，而其他所有建筑师所创造的则有一种冷酷感。在建造自己的私邸和花园建筑时，他都特别注重这一点，其中，他修建了像莫斯科奈焦诺夫家那样的艺术珍宝(图 21)。有时，他又刻意避免那种舒适感，寻求一种庄严，追求埃及建筑那种冷酷的感觉，当时已经达到如库兹

图 21　杰·伊·日利亚尔迪.莫斯科阿·阿·奈焦诺夫家. 约 1820 年

明基的马场那样惊人的高度。莫斯科大学、技术学院、奥斯多热克军需库等建筑最能体现他的优秀才能。除此之外，欧洲没有任何一个礼堂能够像莫斯科大学大礼堂及其坚固的柱廊那样，能够与自身功能（隆重辉煌的科学桂冠）相呼应。此处，建筑师还通过想象，将一个加冕桂冠的科学家形象描绘在柱廊上（图 22）。

图 22　杰・伊・日利亚尔迪.莫斯科大学大礼堂，1817 年

最新趋势

历史进一步发展的总体特点与圣彼得堡的建筑发展趋势是一致的。起初，日利亚尔迪的精神仍在，“大学”教堂的建造者、他的学生秋林，格里戈里耶夫、库捷波夫、布列宁、老贝科夫斯基，在后来一段时间内继续了他的遗风，但很快托恩“获胜”，日利亚尔迪的影响逐渐消失，然后开始出现“俄罗斯风格”，再往后是“第二帝国风格”和“新风格”。直到最近才有迹象表明，艺术中的冷淡、小市民庸俗风时代已经结束，俄罗斯新的曙光即将到来，这预示着或许是黄金时代，或许是明亮晴朗的日子就要来了。

装饰艺术

装饰艺术可能是唯一不亚于建筑，同样可以体现俄罗斯人才能的领域。若必须要找出原因，那就是因为两个领域之间存在千丝万缕的联系，通常难以辨别建筑创作与装饰艺术的界限：建筑艺术在哪里结束，从哪里开始能够算作装饰艺术。建筑师会根据自己的图纸，用细节填充自己修建的建筑，因此，他们同时还是这座建筑的装饰师；也常有建筑师创作的图案装饰被广泛使用，深入人民的生活。

俄罗斯上古时期，甚至罗斯还不存在时的远古时期，已经有不少著名的装饰艺术和实用艺术的典范了，但在这些典范中，很难区分哪些是整个欧洲的普遍特点，哪些是当地元素。即使到了更晚的时代，同样也很难区分，因为一种文化会快速与另一种文化融合，就此而论，即使是接受基督教的最初几百年，就如我们在弗拉基米尔教堂的石砌图案中所见，我们如今也无法解释得清清楚楚。

任何时期，俄罗斯人民都对装饰有一种天生的、不可阻挡的喜爱。现代大多数被别人委托润饰生活、布置陈设的专家，并未感觉到他们自己的生活也需要润饰一下。装饰艺术和实用艺术繁荣时期，许多大师也并未领略到它的真谛。虽然他们装饰了别人的生活，但有时会极度忽略润饰自己的生活，并且有不少修建了非凡宫殿的建筑师，一生都住在环境恶劣的陋室，并且是自己的，而非别人的房子，他们住的房间就像板棚，甚至很多都是小市民式的房间。这并不是因为他们贫穷（通常他们是比较富裕的），仅仅是因为他们不想让自己被美环绕，即使过去的美充满了俄罗斯人的幸福生活。唉，都过去了。自从人们开始在市场购买必需品后，就不再做他们以前亲自制作的物品，而更喜欢去购买。商品的生产者了解到农村人喜欢装饰、花纹图案后就来到农村，亲自到工厂给他们装饰，有时迎合他们的审美，有时也加上自己的品位。看来，民族创作正在走下坡路，许多方面也已经衰落了。

在远离大型中心的地方——特别是在北方——民族创作还闪耀着些许光芒。现在那里的农民依旧喜欢点缀拱门，在纺车上雕刻装饰，在粗麻布上填满花纹，在木房的小窗上用更美的装饰板稍作装饰。现在，那里的十字路口处，还放着雕刻图案花纹的十字架以进行“朝拜”，若到奥洛涅茨基省丹尼洛夫隐修院的墓地一看，就会发现里面的十字架完全像童话小镇(图 23)。直到现在，那里的人依然会织花边，以此表达对花纹图案的喜爱。这些花边表现的多是人、动物或鸟儿，装饰效果比较冷酷(图 24)。也有完全另一种风格，并不冷酷，而是绣着更柔和、温婉的乌克兰刺绣，上面都是洒脱、自由、温和、松软华丽的花纹图案(图 25)。

图 23　奥洛涅茨基省丹尼洛夫隐修院的墓地

(弗·阿·普洛特尼科夫　摄)

教堂日常生活中使用刺绣，形式多种多样。古时修道院的圣器收藏室中保存了许多刺绣工艺惊叹的法衣、绘有基督棺中遗像的方布、罩布。有时，人们会针对这些刺绣的工艺精细程度、价值、花纹图案的圣像等进行争论。其中最绝美的，当属著名的基里尔-别洛泽

图 24　网格刺绣. 来自彼得罗扎沃茨克县的花边

（伊·雅·比利宾　摄）

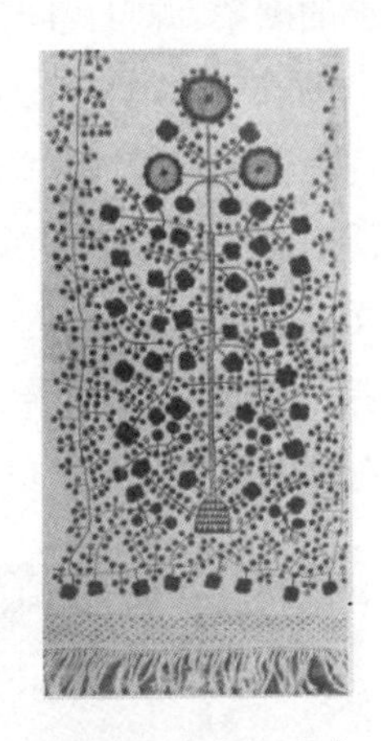

图 25　乌克兰方巾

（阿·维·休谢夫　摄）

尔斯基修道院为圣受难者伊琳娜所作的刺绣罩布(图 26)。

图 26　圣受难者伊琳娜. 16 世纪基里尔-别洛泽尔斯基修道院中的刺绣罩布

（伊·费·博尔舍夫斯基　摄）

18 世纪的民族花纹图案也较为突出，特别是北方骨制品上那些有趣的图案：源自民间文学或只是源于日常生活的人、动物、花草树木，整个场景巧妙地交织为一副从容的花纹构思图(图 27)。在遥远的北方，现在还流行着一种绣满花纹图案的衣服，这些花纹图案均根据专门师傅制作的样板手工绣制。这些印花布通常多种多样、美丽异常，即使是样板，也因其花纹构造、自由构图、轻便等而使人舒心；借助这些，创造者再随意弯曲、扭转、旋转花纹，最后构成合理巧妙的图案，从容解决了花纹图案的生成、加固、错综复杂的缠绕等难题(图 28)。

图 27　骨制梳子. 18 世纪

(选自莫斯科伊·伊·史楚金博物馆)

图 28　印花模板

(选自伊·雅·比利宾画集)

俄罗斯人民有一个本能的特点：喜欢使用大量多样的装饰，这一特点，在教堂建筑中主要表现为圣幛上会雕刻出华丽、离奇古怪的花纹；甚至非宗教建筑也用雕刻装饰，而这种雕刻，在古代会用在窗侧贴缘、小台阶、小房舍的烟囱、纺车、雪橇等几乎所有家常用品上。雕刻与建筑一样，都是民族创作最钟爱的领域，他们的理想典范与壮士歌体裁史诗、民族歌曲中的理想典范相同，都是鲜明而丰满的。在遥远的北德温，有一座被沼泽隔离的小教堂，教堂里有一个神奇的、雕刻花纹的神龛，上面有六翼天使和迷人的花纹图案。人们感到非常迷惑：一位头脑简单的雕刻师，他的灵魂是如何创作这首花纹图案编织的灵魂歌曲（图 29）？雅罗斯拉夫及其某些有雕刻装饰的教堂大门上，那些大量的奇特图案也使人震惊（图 30）。而恰好是这些大门给我们提供了一些线索，帮我们解决俄罗斯花纹图案来源的问题，或者

图 29　申库尔斯克县扎奥斯特罗维耶镇圣母诞生大教堂的雕刻神龛

（伊・格拉巴里　摄）

至少指出了解决这个问题的方向,让人能有些许猜想。这里比其他地方更能感受到与东方的相似性,更能感受到那些印度波斯元素,这些元素是俄罗斯花纹图案中不可能存在的,但因其非常完美,17 世纪时被人们熟知。这些元素在一定程度上是和拜占庭风格一起传入罗斯的,在创作拜占庭式作品时,自然加入了东方元素,后来来自东方的新潮流,也不止一次融入俄罗斯艺术,于是俄罗斯与波斯的关系变得十分复杂。

图 30　近罗斯托夫使徒约翰教堂的圣幛中门. 1562 年

(伊・弗・博尔舍夫斯基　摄)

巴洛克时代不仅给建筑领域,也给装饰艺术领域打上了自己的烙印,产生了乌克兰、莫斯科和彼得堡巴洛克式,后被洛可可式替代,直到后来,洛可可式被古典主义取代。然后是同样的更替,古典主义被浪漫主义取代,而浪漫主义又被民族主义接替。最近,"新风格"对装饰也产生了影响,但19世纪下半叶,影响最大的当属图形艺术的蓬勃发展,当时《艺术世界》杂志的发行,标志着图形艺术的出现。谢·彼·佳吉列夫创办的这一杂志,在俄罗斯艺术史和文学史上具有举足轻重的地位,直至现在,也没有得到应有评价,也许它的时代还未到来。但杂志在图形发展进程中的影响,却完全体现了出来:正是得益于这本杂志,图形艺术在俄罗斯才能上升到在诸如英国、德国这些古老的图像文化十分发达的国家也未曾达到的高度。图形艺术的繁荣对现代绘画意境产生了很大影响,但毫无疑问,未来这种影响定然不止这些,到时俄罗斯绘画就会迎来一片新的天地。

圣彼得堡的图形艺术成就更大、水平更高。设计师在剧院布设领域融入了自己的审美,也充分利用了所学知识。要知道,俄罗斯在这一方面的成果,曾远远落后于西方为振兴墨守成规的戏剧产业而做出的所有努力。最早从事剧院布设艺术且对剧院布设感兴趣的,是以维克多·瓦斯涅佐夫和波列诺夫为首的莫斯科艺术家,他们引领整个剧院装饰流派,使这一流派蓬勃发展,对科罗温和戈洛温等大师产生了极大影响,而后者也继承了他们的衣钵,创造出一系列美丽迷人的作品。莫斯科的艺术家、画家虽然才华横溢,但有时创作太过简略概括,也有些不严谨,而圣彼得堡的艺术家将严谨、对风格和艺术条理性的追求传给了莫斯科的大师,同时,他们也将这种严谨性和追求带入剧院装饰领域。巴克斯特、伯努瓦、多布津斯基、廖里赫、比利宾、斯捷列茨基等大师在这一方面也多有创作,这一事实再次证明了这颗"幸运之星"之灿烂,在它的照耀下,俄罗斯人开始具备装饰艺术的鉴别力。

伊戈尔·格拉巴里

古代石砌建筑

第一章　拜占庭文化的影响

蒙古入侵前的罗斯历史，引入东正教是其中最重大的事件，对罗斯具有重大的文化意义。随着东正教的引入，文化首次显现并得到普及，为大公和普通民众建立起一系列沟通的桥梁，从而为公民国家制度建设奠定基础；正是得益于此，11 世纪时，我们就能够感受到拜占庭艺术对古罗斯的广泛影响。

10 至 12 世纪，无论东方还是西方，拜占庭文化总体上占据统治地位。当时，拜占庭对整个东正教世界都有巨大的影响，处处遍布着拜占庭教育的影响以及它的贸易、奢侈品、时兴产品等。西方历史学家用或苍白、或灰暗的色彩来表现它，故意尽力掩盖它的盛誉，否认它在整个历史中的重要地位。不久前，他们介绍了拜占庭，将其描述得萎靡不振，几乎没有什么活力，因此，拜占庭也就不能与其他各国分享活力，不能对这些国家产生任何影响，不能将自己的文化传给这些国家。现在，这种观点已经落后了。在西方学者和俄罗斯学者的研究中，拜占庭得到越来越多新的阐释。从 6 世纪到 13 世纪，拜占庭是唯一欧洲古罗马人、日耳曼人、斯拉夫人争相学习艺术的“学校”。拜占庭拥有这样的文化地位是可以理解的。中世纪艺术的形成受到两大事件的影响：东正教和日耳曼民族的入侵。这两大事件在古希腊文明的旧厦未建之前就将其毁坏，但这两件事之间并没有任何联系，对艺术的发展也产生了相反的作用。无论从何种角度看，东正教都是非常重大的精神进步。日耳曼民族的出现则相反，被看作阻碍文明发展的力量。因此，在中世纪初期，一方面我们可以看到东正教影响下的深邃思想，而另一方面也可以看到许多新思想的萌芽。东正教的伟大思想，只通过野蛮民族的那些“幼稚艺术”来传播。因此，欧洲人民必要时应该关注拜占庭文明，借鉴他们的艺术形式。

罗斯在接受东正教的同时，与拜占庭在文化方面建立紧密联系，这也不足为奇。罗斯引入了拜占庭的文学作品和艺术作品，也引入了不同的大师。罗斯东北的赫尔松涅斯城在 8 世纪至 9 世纪上半叶，曾是拜占庭文化、工业的重要传播据点，在向古罗斯传播拜占庭文化的进程中发挥了重要作用。

从当时日常生活的遗迹中，人们发现了大量具有公国时期的典型特色但后来不再使用的物品；这些物品不仅在基辅存在，在当时所有的公国城市都有。这些物品说明，在拜占庭的影响下，蒙古入侵前的罗斯在某些领域已经达到了很高的文化水平。现已证明，基辅曾有最精致的艺术作品（例如，嵌格珐琅彩），发现拜占庭式的物品并不总能证明希腊风格的影响，相反，这些物品向我们展示的是基辅当地风格成熟的遗迹，同时也向我们展示了具有特定用途的、装饰被其主人接受、对其主人具有重要意义的事物。俄罗斯作为学习者，已经能够在艺术的几个方面与他们的“老师”——希腊人媲美了，因此，有时候很难将当地生产的嵌格珐琅彩和拜占庭的分开。

第二章　基辅与切尔尼戈夫的古代教堂

罗斯接受东正教后，便开始出现石砌教堂。当时几乎所有的教堂都由大公、公爵修建。石砌教堂的建筑风格独特、完美，体现了大公希望将宏伟、庄严的元素融入宗教、艺术领域的特点。大公们当时十分痴迷建筑，而每位大公痴迷的方式又各不相同；他们互相攀比，都希望自己建造的教堂更出众、更华丽，让世人一睹自己的财富、伟大和虔诚，也想让自己的名字在建筑史中流芳百世。因此，教堂被赋予更多的意义：它们象征着大公们的权力、强大和骄傲；这里是他们加冕王位的地方，也是死后被埋葬的地方；是主教接受恩赐的地方，也是人民集会，讨论国家、社会重要事宜的地方。无论在物质层面，还是在精神道德层面，它都使其所在的城市成为中心，让其他偏远地区臣服。

在古罗斯建筑遗迹中，最幸运的当属古罗斯的政治中心——基辅的那些教堂。鞑靼人入侵前，石砌教堂至少有 12 座，其中几座还采用马赛克镶嵌画和大理石进行装饰，历史文献也曾对此大加赞赏。

圣弗拉基米尔统治时期，基辅的面积很小。城市始建于现在的弗拉基米尔大街和日托米尔大街的交叉路口，从此一直延伸至山脉断崖处（安德烈耶夫教堂），空间、宽度都只延伸至此。弗拉基米尔统治时期，或许称它为“大公的城堡”更为贴切，因为基辅的面积不是很大，高耸在当时波多利的“真正的城市”的上方。在 944 年伊戈尔大公与希腊人签署的条约中，曾提到圣伊利亚教堂，这证明，在弗拉基米尔大公接受东正教之前，基辅已经有教堂了。另一座教堂记载于伊帕季耶夫 882 年的手稿，手稿讲述的是奥列格大公攻克基辅，杀死阿斯科尔德大公并将其就地安葬的故事，其中写道："……现在称为乌戈尔罗斯，那里有奥尔姆的庄园；奥尔姆在这个墓穴上建造了圣尼古拉教堂。"据史料记载，上城"戈雷"的首座雄伟教堂始建于 991 年，由弗拉基米尔大公奠基，教堂名为圣母升天大教堂（又名 Desyatinnaya 大教堂）。其中写道："弗拉基米尔希望建造一座石砌圣母大教堂，因此，派格里克的工匠去修建……用科尔逊的圣像画装饰。还有圣像、教堂器皿、十字架等。"

蒙古鞑靼人入侵时期，市民带着其他用品，藏在教堂顶部以寻求庇护，但教堂无法承受他们的重量，最后倒塌；鞑靼人摧毁了教堂。此后几个世纪，教堂一直是一片废墟，17 世纪时，教堂原址几乎只剩残垣断壁。19 世纪时，大地主安年科夫提议，由建筑师斯塔索夫重新设计建造圣母升天大教堂，教堂才有了现在的样子。

雅罗斯拉夫时期，基辅逐渐强大，面积逐步扩大，但弗拉基米尔城堡因面积太小，已经无法安置所有的居民，因此，雅罗斯拉夫将城市不断扩张；他将最初的弗拉基米尔小城向西扩展很大的空间，并砌墙将小城围绕，墙上还安装了三座大门。

雅罗斯拉夫建造的最重要的建筑，当属索菲亚大教堂，教堂建在 1036 年时与佩彻涅格人交战的遗址之上（图 31—32）。现在的教堂是后来历次重建才形成的，呈现的是南侧和北侧特意分层铺筑后的样子。若想恢复教堂古时的样子也不难。若从外部东侧观察教堂可以发现，最外面的部分明显是后来扩建的。扩建的这两部分，每一面的风格式样都与教堂的其他部分不同，特别是檐和窗。大教堂的中间部分有一个大的、四个小的祭坛凸缘，还保留着雅罗斯拉夫时期看上去神圣不可侵犯的形式，不仅墙壁，圆顶的穹窿也完好地保存了下来。因此，教堂最初几乎呈正方形，带五个祭坛半圆或半圆屋顶，还有十三个圆顶（图 31）。教堂的南、北、西三面环绕着一层半敞开、由柱子和拱门构成的走廊或台阶。16 世纪末，齐格蒙特三世的秘书埃森斯坦还曾目睹完整的西侧门厅、斑岩圆柱、大理石圆柱、石膏圆柱。

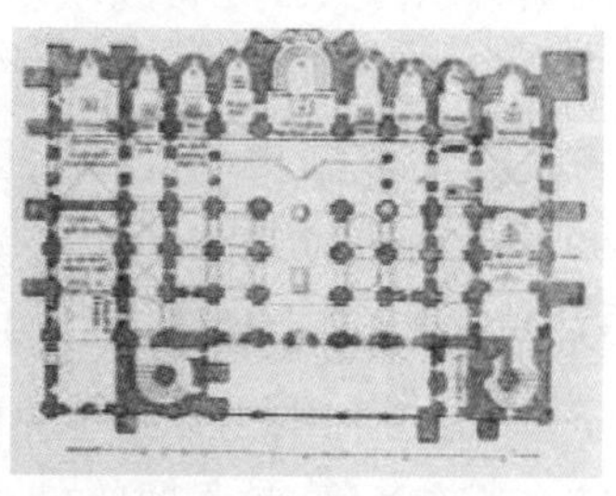

图 31

基辅索菲亚大教堂. 1036 年　　教堂古时祭坛部分和平面图

图 32　基辅索菲亚大教堂. 1036 年
由库利任科摄于修复时. 遮挡祭坛的圣像被毁坏

在教堂曾用作洗礼室的遗迹上，至今还保留着教堂的大理石碎块。这些残存的碎石证明，西边入口处曾有门廊。教堂西侧的西南角和西北角高耸着两个圆塔，帐幕螺旋扶梯围绕圆柱拾级而上，通往上敞廊或教堂厅堂，最终通向户外开放式走廊。

1633 年，彼得·莫吉拉收到东仪天主教徒圣索菲亚送给他的被毁坏一半的圣地。据他描述，是"没有任何保护，内饰也几乎被完全毁坏的圣像、器皿、圣衣等物品"。他竭尽全力，修缮了这一古老圣地的设施和装饰，但他修复时并未改变教堂的形式。直到都主教瓦尔拉姆和黑特曼马泽帕时期，索菲亚大教堂的外部形式才发生改变。瓦尔拉姆和马泽帕在教堂门前的台阶上增建了第二层，改造了两个帐幕的圆顶，并且在增建的建筑上建造了四个圆顶。

雅罗斯拉夫修建的建筑，除了索菲亚大教堂，还有金门及其上方的报喜大教堂，除此之外，还有另外两座教堂——圣格奥尔吉教堂和带修道院的圣伊琳娜教堂。但在这些建筑中，只有金门的废墟遗址和圣伊琳娜教堂的少部分残迹留存至今。

伊贾斯拉夫时期，基辅城中建成洞窟修道院。1073 年，来自君士坦丁堡的希腊工匠在这里修建大拉夫尔斯基大教堂。他们带来的既有那些苦难者的顽强意志，也有圣母升天画像，圣像现在还悬挂在教堂圣幛中门上侧。直到 1077 年圣安东尼与费奥多西逝世后，教堂才得以建成。16 世纪末，人们对宏伟的洞窟教堂进行了增建，其外观也发生了改变。

后来，到斯维亚托波尔克·伊贾斯拉维奇大公时期，因为大公受洗那天的天使长叫米哈伊尔，因此命名并修建米哈伊尔金顶修道院，保存至今。但米哈伊尔教堂已经不是最初的样子，因为后来几次增建，虽然使教堂面积不断扩大，但也几乎掩盖了它原来的模样。

在米哈伊尔金顶修道院的不远处，坐落着瓦西里大教堂，或称三圣大教堂。17 世纪时曾有一种说法，认为这座教堂是由圣弗拉基米尔建造。现在已经证实，瓦西里大教堂并不是由弗拉基米尔所建，这座教堂比较古老，在 12 世纪时就已建成。戈卢宾斯基教授认为，透过“保存至今的三圣教堂,应该可以窥见 1197 年修建的瓦西里大教堂的影子,教堂建于‘新宫’小镇,由留里克·罗斯季斯拉维奇建造”。同时,伊帕季耶夫在其 1183 年编写的史册中写道:“坐落于基辅大宫殿,由斯维亚托斯拉夫·弗谢沃洛多维奇建造的圣瓦西里教堂由此‘圣化’。”

说到大公时期基辅-波多尔地区的教堂,不得不提圣母升天大教堂。15 世纪时,教堂可能被缅格利-吉列[①]毁坏,此后很长一段时间一直是废墟。1620 年,东仪天主教徒占领索菲亚大教堂,这些市民决定修复古老的圣母大教堂,他们还向高级神职人员会议报告,最后由市政拨款进行修复。

12 世纪时,波多尔的弗谢沃洛德·奥利戈维奇及其妻子建造了基里洛夫修道院(约 1140 年)。

最后,1070 年,以洞窟修道院以南、第聂伯河岸的维杜比茨基修道院为基础,弗谢沃洛德·雅罗斯拉维奇修建了圣米哈伊尔教堂,教堂一直保存至今。

但基辅城中那些留存至今的教堂已完全不是最初的形式了。其中几座重要的大教堂,包括索菲亚大教堂、米哈伊尔教堂、大拉夫尔斯基教堂,都充斥着后来增建的建筑,增建部分遮挡了这些老教堂的正面、侧面轮廓,导致轮廓发生了变化。只有基里洛夫教堂的正面轮廓未改,但教堂顶部最初的样式却没有留存下来。因此,只有详细勘察这些建筑,才有可能区分出哪些是古时最初的形式。无论教堂的文献记录,还是建筑形式分析都有助于勘察。最有利于建筑勘察的只有一点:大公时期的石砌建筑有其独特之处,即它们的敷设方式。它们都是由坚固的方形薄砖建造而成,砖块由较厚的红粉色水泥层堆砌,水泥是石灰、捣碎的砖和板岩混合而成。

大公时期,那些雄伟的文物主要保存在基辅,此后便是切尔尼戈夫。切尔尼戈夫现存五座石砌教堂,还有三座已经消失无踪了。

---

① 克里木汗国的汗。——译者注

图 33　切尔尼戈夫的救世主-主易圣容大教堂,11 世纪上半叶奠基

（尼·尼·乌沙科夫　摄）

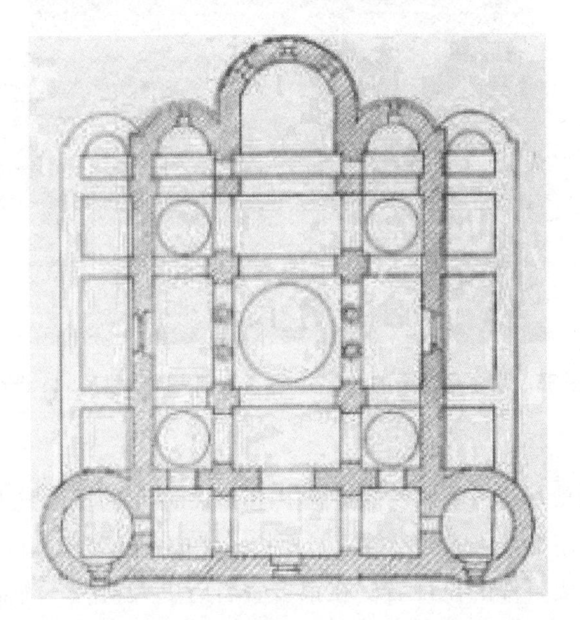

图 34　切尔尼戈夫的救世主-主易圣容大教堂平面图

11 世纪上半叶，圣弗拉基米尔的儿子、特穆塔拉坎的大公姆斯季斯拉夫·切尔姆内占领了切尔尼戈夫，并将这里作为公国都城，此后开始修建主易圣容大教堂，但姆斯季斯拉夫去世后教堂才修建完成，并留存下来（图 33—35）。

图 35　切尔尼戈夫的救世主-主易圣容大教堂拱顶. 11 世纪

（尼·尼·乌沙科夫　摄）

叶列茨基修道院以及修道院中建于 1060 年的圣母升天大教堂，都是由切尔尼戈夫大公斯维亚托斯拉夫建成。叶列茨基修道院是许多伟大历史事件的见证者。在很多著名历史人物——例如 17 世纪南罗斯著名的作家、辩论家、修士大祭司约安尼基·加利亚托夫斯基，还有圣费奥多西·乌格利茨基，圣德米特里·罗斯托夫斯基——

的管理下，修道院一直十分辉煌。

伊林斯基修道院中的教堂，也是由斯维亚托斯拉夫（1072 年）修建。达维得・斯维亚托斯拉夫（基督教名为格列布）则修建了切尔尼科夫的鲍里索格列布斯基教堂（1120—1123 年）。最后，在切尔尼戈夫，还有建于 12 世纪上半叶的圣帕拉斯克夫教堂，又叫皮亚特尼茨教堂。

切尔尼戈夫的建筑文物见证了这片土地辉煌的历史和悠久的文化，后来有许多学者争相研究那些发源于此的文化。这些文物的建筑风格、墙壁的铺设与基辅的教堂如出一辙：它们与基辅的教堂十分相似，都是由希腊建筑师建造的拜占庭式建筑。切尔尼科夫教堂之所以意义重大，还在于与罗斯南部的其他城市相比，这里的教堂保存更加完好。但此处的教堂与留存至今的基辅教堂相同，都因为增建而导致外部形式发生变化，已无法追溯它们古时的样子。然而，切尔尼戈夫的教堂可以作为依据，让我们据此判断古时建筑的正面、侧面轮廓。但叶列茨基教堂和伊林斯基教堂的圆顶、斯巴斯基教堂的两个塔楼（一个是建于 17 世纪的“红楼”，另一个则是 19 世纪的塔楼）除外，前者仿效了 17 世纪与 18 世纪时乌克兰的建筑形式，而后者则或多或少效仿了其屋顶的形式；在切尔尼戈夫的教堂中，不仅留存了古时的墙壁，有些外饰也保留下来。

在奥斯乔尔、奥夫鲁奇、佩列亚斯拉夫、卡涅夫、弗拉基米尔-沃伦斯基等城市，也有石砌教堂或教堂残垣留存。在诺夫哥罗德-谢韦尔斯克，也曾留有大公时期的宏伟教堂（主显圣容大教堂），如今已被拆除[①]。

① 讲到基辅-切尔尼戈夫时期的教堂，不能不提奥夫鲁奇的圣瓦西里大教堂的修复过程，教堂于 1908 年由建筑师阿・维・休谢夫负责修复（图 36—38），这一教堂建于 12 世纪中叶，十分古老，学者们无论对首次使用在其修复过程中的方法，还是通过挖掘和修复前严格测量得来的科学数据，都非常感兴趣。

图 36　奥夫鲁奇的圣瓦西里大教堂. 12 世纪中叶

（阿·维·休谢夫修复）

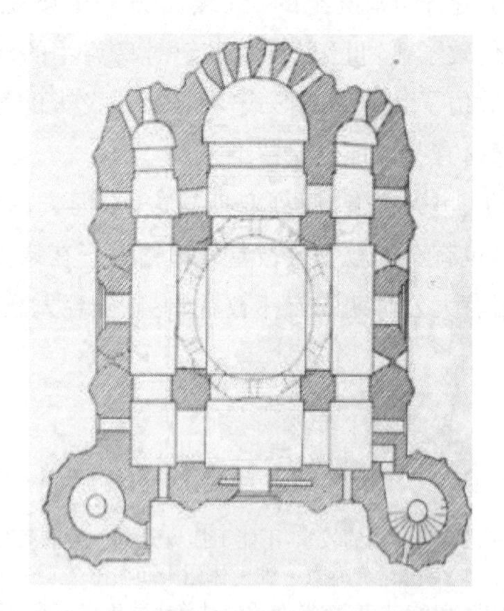

图 37　奥夫鲁奇的圣瓦西里大教堂平面图

图 38　奥夫鲁奇的圣瓦西里大教堂. 12 世纪中叶

第三章　基辅-切尔尼戈夫罗斯地区拜占庭风格的演化

在罗斯南部地区，有许多建于大公时期的宏伟建筑至今仍然完好无缺，从中常能窥得拜占庭风格的遗迹：其中既有拜占庭风格工艺，也有拜占庭艺术手法。鉴于这一事实，我们需要承认，史料记载的确不假：基辅和切尔尼戈夫地区许多雄伟的建筑都是由那些特地从拜占庭请来的希腊建筑师营造的。

当时，拜占庭具有独立的建筑风格且蓬勃发展。众所周知，拜占庭建筑中的教堂主要分为几类。拜占庭风格具有以下特色：1）建筑为柱廊式；2）有八棱基底（即中间八根柱子，柱子上方为穹顶）的圆穹顶或八边形屋顶；3）教堂建成后几乎都是立方体形式，上方是穹顶，下面是四根基柱，这种教堂是从上面两类教堂——柱廊式建筑和圆穹顶建筑发展而来。可见，圆穹顶的形成过程曲折复杂，几乎经历了所有的建筑发展阶段，是发展最为漫长的一种建筑风格。它的演化过程，从最初仅顶部为圆形，后来发展到底部也是圆形，与罗马万神庙、塞萨洛尼基市的（希腊第二大城市）圣乔治教堂类似：教堂上部是圆顶，圆顶下方连接的四根柱子组成半圆形拱弧，还通过球面三角穹隆圆顶与底面四角形相联。

通过基辅与切尔尼戈夫的教堂，我们可以深切感受到，俄罗斯-拜占庭教堂的建筑师曾经为建造圆顶教堂付出了大量心血。教堂圆顶下有四根支柱，可以消除圆顶的横压力。这种内部结构，由这些建筑师独创。在传入俄罗斯时，拜占庭式教堂风格并没有拘泥于某种单一的形式，而是与此相反。下面我们详细介绍俄罗斯-拜占庭建筑的演化过程。

基辅第一座石砌教堂是圣母升天大教堂，由拜占庭建筑师修建。19 世纪 20 年代都主教叶甫盖尼痴迷于俄罗斯建筑遗迹，对这类遗迹也特别了解。当时为了建造教堂，他早早地开始挖掘，并打下地基。蒙古入侵前，基辅的圣母升天大教堂曾有三个互相连接的半圆形祭坛，是堪与萨洛尼卡圣索菲亚教堂、君士坦丁堡的霍拉教堂、雅典附近的达佛涅修道院、雅典圣尼哥底母教堂内的祭坛相提并论的建筑，它们都是独一无二的珍宝。显而易见，圣母升天大教堂的建筑师仿效了约起源于 6 世纪或 7 世纪的拜占庭建筑构思。

切尔尼戈夫的救世主-主易圣容教堂展现了建筑风格的持续发展。救世主-主易圣容教堂的结构与圣母升天大教堂的结构差别较大：教堂总体上属于拜占庭风格，但却也按照瓦西里一世时的“新柱廊建筑”风格建造，这同属拜占庭建筑发展的一个阶段（如圣阿波斯托洛夫教堂）。三个半圆屋顶并没有像萨洛尼卡圣索菲亚教堂那样连接在一起，而是覆盖了建筑的整个横向宽度。若将祭坛和大门部分忽略，切尔尼戈夫教堂的平面结构为正方形（图 34）。

四根柱子位于正方形中心，支撑着教堂圆顶，同时形成四边相等的十字。十字的每个顶端之间对称地伫立着柱子，这些柱子之间、与拱弧中心的柱子间相互联结，所有这些柱子形成支撑圆顶的柱桩。在著名的“新”瓦里西教堂中，君士坦丁堡首次使用了四个拱弧，拱弧上方为教堂圆顶，但圆顶下不再是简单的柱子支撑，而是圆柱（与底部和顶部有联结部分的圆柱）。圆柱紧靠拱弧侧面，拱弧向外墙壁施加水平横压力。但在切尔尼戈夫教堂中，为了增大强度，建筑师没有使用与底部和顶部有联结的圆柱，而是使用了形式简单的柱子。

也正是从此时开始——即用简单柱子代替圆柱后——拜占庭建筑开始在俄罗斯土壤上蓬勃发展。一旦用简单的柱子代替圆柱，就无需再建造联结中间柱子与半圆屋顶墙壁的拱弧了。切尔尼戈夫教堂东侧，因为有一对柱子和与其联结的拱弧，所以有两个扶壁。为什么拜占庭“柱廊式”教堂建筑中会有这种扶壁呢？因为只要建造了拱弧，与顶端和底部联结的圆柱就无法单独支撑承重，所以必须建造扶壁。

而切尔尼戈夫与基辅的教堂则克服了这一缺陷。为了加强圆顶下柱子的稳定性，基辅的教堂使用了半圆屋顶壁，同时这类建筑的柱子直接支撑半圆屋顶壁，并未建造联结部分。

这些新的建筑工艺构思，首先应用在基辅圣索菲亚教堂。我们可以看到，圣索菲亚教堂有五个像扶壁一样的半圆屋顶，这同样是整个建筑宽度以及建筑的十三个圆顶所必需的。圣索菲亚教堂依然是一座雄伟壮阔的建筑，因为其他教堂虽然富丽堂皇，但仍然无法超越圣索菲亚教堂的宏伟壮观。这座教堂建造后，一时间伫立起更多此类教堂，那些教堂规模虽小一些，结构却更为协调：教堂内是六根柱子、三个半圆屋顶与五个圆顶。按照建造时间先后，11 世纪修建的教堂可以如下排列：诺夫哥罗德的索菲亚教堂，切尔尼戈夫的叶列茨教堂，基辅的圣母升天大教堂，基辅的米哈伊洛夫教堂。建于 12 世纪的教堂的排列顺序为：切尔尼戈夫的鲍里索格列布斯克教堂，基辅的基里洛夫教堂以及卡涅夫教堂。紧随六柱教堂出现的是内部修筑四根柱子的教堂。这种教堂结构更为简洁，有三个半圆屋顶和一个圆顶。基辅洞窟修道院的圣灵降临大教堂，基辅—波多尔的圣母升天大教堂，维杜彼茨基修道院的圣米哈伊尔教堂，奥夫鲁奇的圣瓦里西大教堂等，都属此类。

基辅基里洛夫教堂，特别是切尔尼戈夫的这类教堂，使古教堂建筑赢得了人们的好评。正是这些教堂告诉我们：墙壁的外表面并不是全部没有装饰、朴素无华的，而是可以用壁柱装饰的。这些壁柱就像外面用于支撑圆顶的木桩，或者像位于建筑平面十字的南端、北端、东端以及教堂整个大厅剩余空间中各角竖立的柱子一样，柱子间的间隔是比柱子更为精美的墙壁。墙壁主要用途是将建筑空间分割，并不承重，所以柱子的表面和外部采用壁柱形式。因此，壁柱与内部的柱子相呼应，将教堂的南部和北部划分为四部分或五部分，而教堂西边则被分为三部分,从而与教堂的内部划分相协调。壁柱的上部,则是教堂建筑顶端的复曲线拱和内部拱弧形式,利用拱弧或弧形装饰连接在一起。密闭的拱弧,将教堂正面分隔,相应地,柱子将教堂内部分隔,拜占庭式教堂最普遍的结构形式便是如此(例如君士坦丁堡的班多克拉多尔教堂与霍拉教堂)。

这也解释了为什么古罗斯与希腊传统建筑对墙壁的分割如此相像。

蒙古入侵前,教堂顶部是拱顶,与拜占庭式教堂顶部的风格相像。即使教堂顶部是石砌拱顶,西边的柱廊大厅也都是两个坡面:拜占庭艺术与古罗斯艺术相同,顶部也采用拱顶,由于教堂被壁柱分为几部分,因此,墙壁以及与墙壁相连的顶部都是波浪形的。

古罗斯与拜占庭一样,教堂的圆顶是教堂建造过程中的重中之重。有时教堂有五个圆顶,而非一个。它们的排列如下:主圆顶位于十字平面的中心,其他四个在十字平面的四个角。建筑师为了让圆顶看起来规整协调,同时也为了让圆顶耸入天空,建造了圆鼓状屋顶或在拱弧上开了天窗,覆盖在半圆形拱顶上;圆鼓状屋顶并不是圆柱形,而是多边形的,每一面的棱都垂直向上,巧妙表现了建筑师使建筑耸入天空的意图,也减轻了圆顶的横压力。

教堂的三个半圆屋顶一般采用细小的圆柱装饰,或者干脆使用将窗子镶边的线束:有时这些线束直达柱脚,而有时只是像细绳一样简单垂下;这些线束都没有缠至房檐。后来,俄罗斯建筑也开始仿效这种拜占庭式的装饰方法。

最后,我们不得不提切尔尼戈夫地区最流行的建筑风格,这也是此处建筑的典型特点,即采用罗马式风格装饰。因此,切尔尼戈夫教堂是第一座融合了两种风格——拜占庭式与罗马式的教堂,当然,罗马式的影响并不是特别大。但切尔尼戈夫却是拜占庭式与罗马式建筑风格融合的第一片土壤,明显要比弗拉基米尔-苏兹达利地区早得多,这是毋庸置疑的事实。苏兹达利地区外来的建筑师将两种不同的风格完美契合,建造出整体上精美绝伦的建筑,如弗拉基米尔的德米特里耶夫教堂。切尔尼戈夫的皮亚特尼茨教堂保留了半圆屋顶上方缠绕的罗马式缘饰,这些缘饰都是从带有托架的悬式柱子开始的(图 39)。叶列茨教堂的构思则更有意思。半圆屋顶上有从三面环绕教堂的嵌线,高度和弗拉基米尔-苏兹达利教堂中的高度相同,这种装饰方法完全源自西方。著名艺术史学家德·弗·艾纳洛夫教授讲过:弗拉基米尔-苏兹达利教堂风格的原型在 11—12 世纪的切尔尼戈夫非常流行。这种风格构思采用了雕刻装饰的柱头,1860 年在鲍里索格列布斯克教堂的第二个门下,偶然发现还完整保存着这一风格的配饰。教堂圣器收藏室的记载中写道,其名字是“波兰瓦多斯维尼茨”(图 40)。柱头通常建于墙上的壁柱或圆柱上方,之所以做这样的处理,是因为柱头较宽的一面是平面,没有华丽装饰,也没有经典的雕刻修饰。这个柱头的雕刻装饰是由线束和编带组成,很容易让我们联想到 11—12 世纪俄罗斯文章卷首、章节开头的横眉装饰,类似于德米特里耶夫教堂里独立柱脚的编带。与其他古罗斯艺术品相比,类似建筑中这些珍贵的柱头堪称举世无双。它们是前所未有的,是历史中不可多得的珍宝,在切尔尼戈夫十分著名。基辅圣索菲亚

图 39　切尔尼戈夫的圣帕拉斯克夫-皮亚特尼茨教堂. 12 世纪

(切尔涅茨基摄于切尔尼科夫)

图 40　切尔尼戈夫的鲍里索格列布斯克教堂的古时柱冠. 11—12 世纪

（切尔尼戈夫档案委员会博物馆供）

教堂留存了大量大理石雕刻的柱头，由 10 世纪至 11 世纪的手工工艺雕刻的树叶与十字架构成，属拜占庭式装饰。切尔尼戈夫教堂柱头采用白色大理石材质，上面由缠绕盘桓的编织装饰雕刻，可与斯堪的纳维亚建筑上的蛇形编织装饰媲美，这可是野兽装饰和古罗斯装饰的"近亲"。

蒙古入侵前的俄罗斯文化灿烂壮丽，但 13 世纪金帐汗国入侵罗斯，随着鞑靼人的到来，所有的壮丽被瞬间摧毁。他们摧毁、烧尽沿途遇到的一切，又偷走了在烈火中保存下来的珍宝。俄罗斯大公时期的灿烂文明在鞑靼人统治的黑暗时期渐渐沉寂、消逝。鞑靼人的入侵在俄罗斯土地上如狂风骤雨，摧毁了教堂的拱门与墙壁，拆除了华美的庙宇建筑。他们的后代也从未停止对旧时建筑的破坏与摧毁。曾经辉煌一时的城市变成了被遗忘的大墓场（一位研究者所言），曾经的教堂，上世纪的建筑荡然无存、无人保存、无人修复、没有屋顶和门窗，被暴风雨肆意冲刷损毁，被行人随意践踏，没有了圆顶与拱门，变成了碎石堆砌的山岗和废墟。

当时的艺术活动方兴未艾，而鞑靼人的入侵将其摧毁，使其停滞多年。庆幸的是，这些艺术活动在诺夫哥罗德-普斯科夫地区并未消亡,这完全归因于一个因素:鞑靼军队在这一地区只是征收贡赋,并未肆意践踏。所以,诺夫哥罗德与普斯科夫艺术是幸运的例外。在莫斯科建筑兴起前的这段时间里,这个地区的艺术发展到了鼎盛时期。

格·帕夫卢茨基教授

第四章　诺夫哥罗德圣索菲亚教堂与独创伊始

诺夫哥罗德与普斯科夫艺术深受拜占庭风格的影响，曾经无比宏伟壮观。鞑靼人没有将它们摧毁，这些幸存的艺术后来又受到莫斯科建筑风格的影响，其中增添了许多俄罗斯人认为无可比拟而且华丽的元素。城墙、塔楼、教堂和部分住房等所有建筑融合在一起，才产生了两座伟大的城市。

诺夫哥罗德最古老的建筑当属圣索菲亚教堂（图 41—43），这是北方人宗教活动的中心，由智者雅罗斯拉夫的儿子、大公弗拉基米尔·雅罗斯拉夫维奇于 1045—1052 年建造，这里曾是“十三屋顶”橡

图 41　诺夫哥罗德的圣索菲亚教堂，东侧．1045—1052 年

（伊·弗·博尔舍夫斯基摄于修复前）

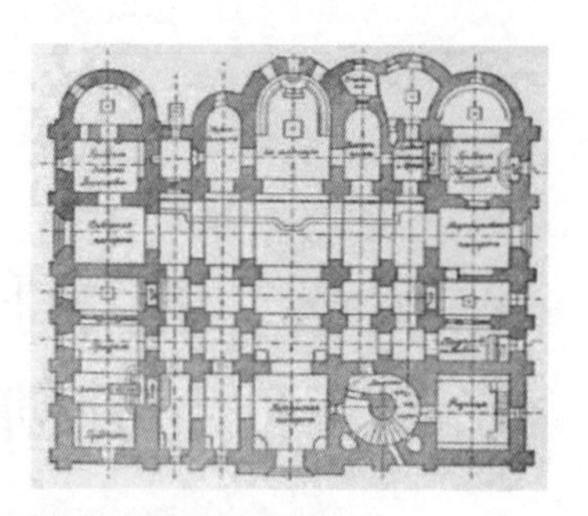

图 42　诺夫哥罗德的圣索菲亚教堂及教堂平面图

（根据弗·弗·苏斯罗夫的测量而作）

图 43　圣索菲亚教堂的东北侧

（伊·格拉巴里　摄）

木教堂的原址。曾经的橡木教堂由主教约阿基姆于 989 年建造，但 1045 年被摧毁。弗拉基米尔大公委派主教为诺夫尔罗德人施洗礼，洗礼后的第一年修建了这座木制教堂，除此之外，还修建了以约阿基姆与安娜命名的石砌教堂。为建造新的圣索菲亚教堂，他请到了拜占庭建筑师，要求在七年内修建一座“美轮美奂、壮丽辉煌”的教堂。索菲亚・察列格拉茨卡娅提供的模型多少影响了这座教堂的修建，但最主要的还是基辅圣索菲亚教堂的影响。基辅圣索菲亚教堂和它修建的时间相差不久：1037 年由雅罗斯拉夫建造。教堂墙壁沿袭了拜占庭建筑风格，使用了当地的石块，表面铺砌一层薄砖。1893 年教堂修葺之后，建筑中间新修建的部分明显被旧时墙壁环绕，要知道，无论诺夫哥罗德圣地上的细节多么微小，编年史编撰者都会写入编年史的，然而，他们对这座建造在旧教堂地基上的教堂的侧面，却只字未提。旧教堂的中间，通常建有三个半圆祭坛或半圆屋顶，中间部分宽度为 8 俄丈（1 俄丈＝2.134 米），从半圆屋顶底部到墙壁起点的长度大约为 13½俄丈，其中未将上敞廊内带台阶的塔楼计算入内。中间间隔的宽度与教堂内径相等，与基辅圣索菲亚教堂相同，为3俄丈。从底部到圆顶顶部高度为18俄丈。如今的教堂已经粉刷，拱门顶和屋顶也已经没有史书讲述的那么让人觉得压抑。后来又建造了四个侧祭坛，旧塔楼也进行了增建，它们均是这座平面屋顶建筑整体中的一部分。1893年教堂进行了修葺，教堂屋顶与塔楼都是后来的圆球式(即洋葱头——译注)屋顶。

教堂旧的那一部分，其内部是典型的拜占庭式：有圆顶和支撑圆顶的四个方形柱子(图44)。上敞廊(古时被称为“二层平台”)位于教堂南、北、西三个方向，还建有拱顶。中间的半圆屋顶是拉长式，十分精美；墙壁大约有一个成年人那么高，有大量几何图形镶嵌画装饰。古时候教堂所有的墙壁都绘饰壁画，这些壁画刻画一些关于上帝的美好传说，记录着他或严或松，但依然让人心生敬畏的手段。圆顶上的壁画现在依然栩栩如生，如刚绘制到圆鼓状屋顶一般。以前祭坛与教堂通过栅栏隔开，现在已经寻不到任何栅栏的踪迹，因为它们同所有的教堂装饰一样，都很难从无尽的战争和掠夺中幸存。

图44　诺夫哥罗德的圣索菲亚教堂的拱顶. 1045—1052年

(伊·费·博尔舍夫斯基　摄)

从沃尔霍夫桥望去，能够一眼望到圣索菲亚教堂，她护卫着诺夫哥罗德，就像伟大的帕拉斯·雅典娜女神数千年来一直守护着那里的人民。教堂顶部是精妙的五顶式构造，其中的艺术构思让人惊异连连；教堂中间顶部的轮廓也非常有特色，上面的线条描绘清晰美妙。最近几次改建和增建赋予教堂独特的生命力，使它更具美感：随着时间的冲刷，教堂最初的拜占庭风貌已渐渐消失，这一圣地也渐渐具有了真正的俄罗斯民族色彩，特别是金色大门和银色圆屋顶上用白色石灰粉刷，又带有彩色斑点装饰的墙壁。古代的建筑师拥有惊人的鉴别力，对建筑的比例与典型特点也都了如指掌，所以在教堂改建和扩建的同时，没有破坏圣索菲亚教堂的整体布局和构造。西边的主入口处是著名的科尔逊大门，虽然建造时间要晚很多，但因为建筑师在上面绘制了大量地毯式的斑点，也给平坦宏伟的墙壁增添了几分美丽(图 45—46)。窗框和大门门框的细节处理得有趣又优美。南边新建的橡树门廊下是精雕细琢的窗子，穿过门廊是教堂的横轴线。右边圣诞侧祭坛上有装饰华丽的圣像壁，圣像壁上画满精致的圣像画，它们并没有随着时代的变迁和改建而毁坏，但有一点：神龛改建不尽如人意。这面圣像壁是古代建筑装饰艺术传统中最美的典范。教堂内部光照较弱，还有些许阴沉，但修复时圣像壁上添加了新的且比较明亮的金属衣饰，五光十色，非常华丽，打破了原来阴沉的感觉。无论是圣衣上古老的科尔逊装饰，还是纯正的拜占庭式花纹，甚至 14 世纪和 15 世纪单独的诺夫哥罗德圣像都绚丽多彩。15 世纪的墙壁背景上还绘有轮廓独特、颇有新意的枝形灯，但是，现在墙壁上是与旧时风格大相径庭的绘画与装饰。虽多次遭到破坏，圣器收藏室仍然是应用艺术中最突出、最鲜活的典范。最后是“火炉”的高台，现在已经被收入彼得堡沙皇亚历山大三世历史博物馆。

图 45　圣索菲亚教堂的西侧

（弗·阿·波克罗夫斯基　摄）

图 46　包含古时科尔逊大门的圣索菲亚教堂西侧正门

阿· 休谢夫

弗· 波克罗夫斯基

第五章　诺夫哥罗德的古教堂

由于11世纪，特别是12世纪时诺夫哥罗德建造了大量教堂，所以在诺夫哥罗德形成了真正的建筑流派，产生了一大批技艺精湛的建筑大师，是真正的诺夫哥罗德城自己的大师，而非外来者。12世纪的史书记载了俄罗斯著名建筑师彼得，他曾修建尤里耶夫修道院的圣乔治教堂。1196年俄罗斯建筑师科洛夫·雅科夫列维奇建造了石砌教堂——基里洛夫修道院中的圣阿法纳西和基里尔教堂。毫无疑问，他们两人都是诺夫哥罗德建筑师，而非外来建筑师。我们之所以这样讲，是因为史书编撰者在描述非俄罗斯建筑师时向来都会加上“外国的”，或者“希腊人”“希腊公民”这几个词。大约同时期，还有一位诺夫哥罗德建筑大家——米洛涅格[1]，他曾经是一名千人团总[2]，后来担任了地方行政长官[3]。他在家乡距自家不远的地方建造了一座升天大教堂，后来还参与修建基辅维杜彼茨基修道院的墙壁。当时，只有几个希腊建筑师留下，他们的技艺非常精湛，基辅人也被他们不凡的技艺所折服，直到俄罗斯建筑师的技艺与其比肩，他们才离去。虽然以前是诺夫哥罗德学习基辅的艺术，却早已青出于蓝而胜于蓝，甚至还能再教给他们许多技艺。

通常教堂或者是大公建造，或由大主教或男子修道院院长修建，

---

① 书中出现两种拼写：Миронег与Милонег。

② 古罗斯军队后备队的长官。——译者注

③ 古罗斯时代大公所派官员。——译者注

或由个人、商人和富有的客商建造。

建造教堂在诺夫哥罗德曾被列入国家事务，也是真真切切的民族事务，编年史对教堂进行详述，其中一卷就是教堂编年史。在这本书中，诺夫哥罗德编年史编撰者简述了“上帝”大教堂，同时还记叙了哪年修建，以谁的名字命名，建造了哪座教堂。从记录可以发现，不仅当地人，外来商客，甚至国外商客也纷纷在此修筑教堂，几乎不存在相隔几年不建新的石砌教堂的情况。

图 47　诺夫哥罗德的雅罗斯拉夫庄园遗址的尼古拉庄园遗址教堂. 1113 年

（伊・格拉巴里　摄）

继圣索菲亚教堂之后，诺夫哥罗德历史最悠久的教堂，当属尼古拉庄园遗址教堂（图 47），这座教堂 1113 年由大公弗拉基米尔・摩诺马赫的儿子姆斯季斯拉夫下令修建，位于雅罗斯拉夫庄园遗址。教堂布局为四边形，保留了石灰石和砖块砌成的墙壁，看上去显得沉重，结构逻辑明显，给人强烈的震撼。很难想象诺夫哥罗德早期的教堂如何做到结构更为简单，但基本建筑构思却表达得更为明确。这座教堂采用了十分简单的立方体结构，东边为三个弧形祭坛，上边是宽阔的圆屋顶。沿墙壁延伸的凸起或壁柱将每一面都分为几部分，这些凸起或壁柱通常从房顶延伸到墙壁底部，有的是从顶部延伸四俄尺长短。教堂顶部曾经可能是半圆形拱顶，上面与壁柱连接，后来修葺成四坡屋顶。窗子整体比此前开阔，几乎是以前的一两倍。19 世纪增建房檐时，有的窗子还被打通。虽然依旧有比较明显的差别，但教堂仍然带给人们强烈的震撼，特别是半圆屋顶向东突出，阳光下的阴影十分显眼。

弗・弗・苏斯洛夫曾仔细研究过诺夫哥罗德-普斯科夫建筑，得出严谨的结论：圣索菲亚教堂似乎预先给后来的教堂提醒，后来的建筑没有与之完全相似的样例出现。他认为，其中的原因可能有两种：首先，可能是当初诺夫哥罗德自己的建筑师寥寥无几；“第二，可能是因为圣索菲亚教堂在诺夫哥罗德人的生活中意义重大，以至于人们不敢再建相同的教堂，害怕亵渎这座神圣的殿堂；况且他们无法构想更完美的形式”。这种原因的可能性很大，因此，诺夫哥罗德人口口相传“哪里有圣索菲亚，哪里就是诺夫哥罗德”，并非偶然。苏斯洛夫继续讲道：“毫无疑问，11 世纪和 12 世纪初之后的教堂规模小一些，但这些教堂沿袭了哪种风格，史书避而不谈，从未提及。”虽然建筑的确留存至今，却没有这些建筑风格的确切记载。据我们了解，几座圣索菲亚教堂修建之后的六七十年间，又建造了不少教堂。据史书明确记载，这些教堂都是石砌教堂而非木制，经过时间的洗礼，屹立不倒。书中还补充道：由于太过破旧，教堂被推倒重建，若确实如此，只是编撰者未提及，那么，我们完全有理由认为，教堂的年代确实久远，特别是墙壁的堆砌方式更是力证。尼古拉-庄园遗址教堂便属此类。无论是尼古拉-庄园遗址教堂，还是那些风格与之类似的建于 12 世纪初的教堂，人们看到它们，都能够想象它们最初的轮廓。它们最初的形式已无从知晓，同样毋庸置疑的是，与圣索菲亚教堂相比，它们与最初的形式相比变化不大。墙壁与圆顶顶部的变化最大，墙壁还明显遗留旧时的样子，虽然窗子与顶板下的部分已被多次改建，但教堂的北面与南面仍然简单却不失庄重，东边半圆屋顶也同样威严宏伟。最初，当地的建筑师并不擅长艺术装饰，但不能否认他们拥有真正的建筑才能，尽管他们修建的教堂没有任何华丽的花纹装饰，仅它们纯粹的建筑魅力、朴素的墙壁，就已如埃及或亚述的建筑一样，对我们产生了巨大的影响。

几年后的 1116 年，罗马人安东尼在他们修建的修道院中增建了圣母圣诞大教堂，修道院紧邻沃尔霍夫河右岸，内城向北 3 俄里(1 俄里＝1.068 8 千米)处(图 48—49)。与圣索菲亚教堂类似的是，教堂靠近西北角的位置也建有圆顶塔楼。除了塔楼上方的圆顶，还有其他两个圆顶：一个是位于教堂中心的大圆顶，教堂内有六根柱子，圆

图 48　诺夫哥罗德的安东尼修道院的圣母圣诞大教堂. 1116 年

图 49　诺夫哥罗德的安东尼修道院的圣母圣诞大教堂. 1116 年

顶位于其中四根之上;另一个稍微小一些,位于西南角。圆鼓状屋顶与三个祭坛的半圆屋顶的上方,还延伸着小拱门的嵌线。后来其他

图 50　尤里耶夫修道院的格奥尔吉耶夫斯基教堂的平面图

墙壁上方，以及屋顶的最上方也都使用了类似小拱门上的这类嵌线。教堂顶现在为四坡面，已与尼古拉庄园遗址大教堂相同，毫无疑问，以前曾经是另一模样。三个圆顶都是很久之后才增建的，因为它们的侧面凸出，有些突兀，对教堂的整体形象有些影响。

这座教堂还未建完时，1119 年，罗马人安东尼又开始为尤里耶夫修道院的乔治大教堂奠基，这是继圣索菲亚教堂之后最宏伟的一座教堂。教堂位于城南 3 公里，在沃夫霍夫河风景如画高高隆起的左岸。从远处看，尤里耶夫修道院如白石砌成的童话之城，春天尤为绚丽夺目：伊尔门湖与沃夫霍夫河，其他环绕它的小河一起汇入大海，一座小岛于茫茫大海中茕茕孑立，岛上满是教堂、塔楼和修道院。然而，童话逐渐破灭，教堂周围慢慢建起一座座钟楼和其他新的建筑。只是教堂的魅力未减，如童话的建筑一样美妙：没有任何花纹装饰的墙壁平整庄严，教堂显得更加雄伟；墙壁上方三个圆顶的轮廓美轮美奂(图 51)。

编年史还记载了建筑师的名字。同时，书中还写道，教堂于 1130 年“圣化”，因此可以推断，教堂持续建造十多年。这座教堂的建筑师是我们之前已经提及的大师彼得，编年史中只用一句话概括他的艺术创造，言简意赅，十分准确：“大师彼得呕心沥血地修建。”尤

图 51　诺夫哥罗德的尤里耶夫修道院的格奥尔吉耶夫斯基教堂. 1119—1130 年

（伊·格拉巴里　摄）

里耶夫修道院内教堂的建筑形式和总体轮廓，与上文提到的安东尼修道院中的教堂十分相似，我们看到了后来十分卓越的建筑师的早期作品。我们已无法详知诺夫哥罗德那些古老教堂的最初形式，同样也不能完全确定上述两座教堂的原貌。我们也不能确凿无疑地说：教堂在建立之初就有三个圆顶，或刚开始时只有一个位于中间塔楼上的圆顶。讲到塔楼，我们同样不能断定塔楼与教堂主楼是一起建造的，如果它们确为同时修建，自然可以推断，两个塔楼最初都是圆形的。无论事实到底如何，不可否认的是，两座教堂的形式和结构类似，几乎同时奠基，这些都进一步证明了我们的推断：它们的轮廓自修建时就已如此，而非后来才如此相似。

第六章 简单的教堂类型

1179年,在米亚钦诺湖岸,尤里耶夫修道院向西2公里出现了一座新的教堂:报喜大教堂,这座教堂有些与众不同的特点。教堂内有四根柱子,与此前的教堂相同,东边也有三个半圆屋顶,同样由石块和砖块砌成的平面墙壁,比例却与此前的教堂不同。当时,所有的教堂都追求高度,报喜大教堂则沿地面向四面延伸,所以产生一种自上而下压低的感觉。这种低矮但敦实的形式为诺夫哥罗德,特别是普斯科夫后来的教堂树立了典范,出现这种形式有其必然性:这里气候寒冷又没有火炉取暖,甚至窗子都没有玻璃。教堂的另一特点是它的布局,其中某些特点只有后来出现的建筑才有。如果在正对教堂南侧的位置观察,就会发现教堂正面的布局并不是完全对称的(图52—53)。四根明显凸起的壁柱将所有墙面划分为不等的三部分,中间部分最大,西边面积稍微小些,但也几乎是东边的三倍。之所以是这种不对称的结构,是因为教堂的圣坛建于教堂内部,与圣索菲亚教堂或尤里耶夫教堂那种凸出的圣坛不同,因此,东边半圆从教堂主体中凸出的比较小,只占教堂主体的一小部分。冬季严寒,修建大教堂的造价十分昂贵,因此北方人发明了这种小型教堂,能够使他们在较小的空间内建造拜占庭传承给他们的教堂。人们将祭坛、祭台和助祭台修建在教堂内部,中间和西边还各有一个壁龛,因此,从正面看去,教堂完全不对称,与普斯科夫救世主-主易圣容大教堂相似,但为了尽可能地协调这种让人感到别扭的不对称,他们在墙壁外侧用细小的第三根壁柱切分了深入教堂主体的祭坛部分。于是,这部分与

图 52　诺夫哥罗德附近米亚钦诺的报喜大教堂. 1179 年

（伊・格拉巴里　摄）

图 53　诺夫哥罗德附近米亚钦诺的报喜大教堂. 1179 年

（伊・格拉巴里　摄）

半圆形的小凸起部分结合，能够与墙壁西侧部分相等，教堂正面整体是对称的。毫无疑问，很久之前窗子很小，到后来才慢慢变大，但其中两个窗子的窗框,应该是直到 17 世纪教堂改建时才扩大。无法确定现在这种八面坡的屋顶、环绕圆鼓状屋顶(只能从北边才能看见,南边被铁板堵住)上部的砖砌图案是何时出现的。不可否认,它们在 17 世纪改建之前就已经存在了。如果认真研究教堂所有的砌体就会发现,教堂房顶和屋顶的装饰在教堂建造时就已经存在,因此,在米亚钦诺报喜大教堂中,我们见到后来所有诺夫哥罗德教堂的原型。以前教堂还有上敞廊,敞廊的入口位于教堂的西墙壁,深度较大,几乎达到 1 俄丈,这也是教堂的特点之一。

诺夫哥罗德"麻雀山"上的彼得巴维尔大教堂形式与报喜大教堂非常相似(图 54—55)。教堂的墙壁厚实沉重,因此,教堂比较庄严,从西侧半圆形祭坛方向看去更是如此。因为不久前刚修建并不美观的大窗,所以祭坛表面也不再是平面。教堂于 1185 年开始建造,1192 年建成。与米亚钦诺教堂相同的是,这座教堂东侧划分南北两边正视图的部分,比其他教堂要宽大很多。

古拉多加的圣乔治教堂大约也建于这个时间(图 56)。编年史中没有记录明确的建造年月,但根据教堂布局和筑砌的方法可以确定,

图 54 诺夫哥罗德"麻雀山"上的彼得巴维尔大教堂. 1185 年

(伊·格拉巴里 摄)

图 55　诺夫哥罗德“麻雀山”上的彼得巴维尔大教堂. 1185 年

教堂是由诺夫哥罗德的建筑师修建，建造时间与米亚钦诺的报喜大教堂相近。与报喜大教堂相比，教堂半圆形祭坛凸出教堂主楼的部分要小得多，并且东侧切分南北两边的部分也要比报喜大教堂窄。教堂布局的这一特点非常鲜明，整体布局中，教堂的墙壁顶端与半圆屋顶融合在一起，几乎形成一个完整正方体(图 57)。东边两根柱子深入祭坛，位于圣像壁后面，距离也较远，因此教堂的主体显得有些狭小。但墙壁上大量的壁画缓和了教堂狭小的感觉，这些壁画现在依然保存完好。圣乔治教堂和米亚钦诺的报喜大教堂一样有装饰，后来几乎所有的诺夫哥罗德与普斯科夫教堂都以不同形式使用了这类装饰。装饰是三角形凹面图案，下面延伸棱边外伸出的砖砌凸缘。米亚钦诺报喜大教堂屋顶上部环绕的，则是下方没有凸起的花纹。图案在屋顶下的墙壁蔓延，在整个教堂形成了圆形。后来替代了此前幕状圆屋顶的圆顶，也是在前不久改建时更换的。

图 56　古拉多加的圣乔治教堂. 12 世纪末

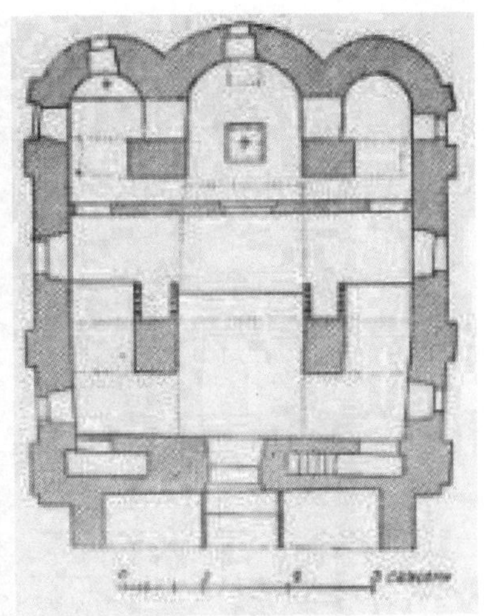

图 57　古拉多加的教堂的平面图

与其他教堂相比，圣托马斯教堂也有其特点。教堂建于 1196 年，也是位于米亚钦诺湖岸边，但距离城市要近一些，大约在市中心以南 1 俄里处。经验说明，教堂侧面半圆的祭台和助祭台不需要太高太宽，只要中间安置祭坛的位置够高够宽就可以；两边的祭台通常需要矮化，而主祭坛则需要宽大些(图 58)。这种方法开创了一种全新且和谐优美的构图，在旧窗得到完好保存的地方更漂亮。圣托马斯教堂的窗子，几乎是存留在祭坛悬出部分的奇迹——也是诺夫哥罗德-普斯科夫地区仅存的一个。得益于此，教堂东侧独具魅力，这可是只有远古时期的建筑才能拥有的魅力。若更近距离地观察这三个熠熠生辉的凸出部分，就会发现圆形顶部覆盖了铁板，上面是线条紊乱的窗子，这些新的四坡型铁屋顶与祭坛的古老形式格格不入。圆形屋顶虽然是后来建造的，但它延伸向上的优美轮廓非常雅致，也没有后来莫斯科建筑那么平直，让人觉得比较舒适。

此后建造了一系列教堂，这些教堂发展了米亚钦诺报喜大教堂与圣托马斯教堂中体现出的、俄罗斯建筑别具一格的特点。涅列吉娜山上的救世主-主显圣容大教堂，或人们常称的救世主-涅列季察

图 58　米亚钦诺的圣托马斯教堂. 1196 年

（伊・格拉巴里　摄）

教堂(图 59—64)就是这类教堂的典型。教堂建于 1198 年,由姆斯季斯拉夫的孙子——大公雅罗斯拉夫・弗拉基米罗维奇建造,位于沃夫霍夫河右岸距离城市 3 俄里的地方,教堂继承了先前教堂所有的新特点。教堂北边和南边也分为三个不等的部分,祭坛半圆形凸出也比较小,但教堂侧面要矮一些,几乎只有中间部分的一半。教堂的上敞廊与彼得罗帕夫洛夫、米亚钦诺的报喜大教堂、圣托马斯教堂的上敞廊相同,不是拱顶形式,而是简单的椽木铺板,四根方形柱子支撑圆顶。教堂内部墙壁上覆盖整块的壁画罩面,如今依然完好,这些壁画以其和谐的结构和庄重严肃的色调给人留下深刻的印象。这些壁画不仅是俄罗斯,也是整个欧洲 12 世纪最完美的墙壁写生画,使这个被人们长期遗忘的创作又变得珍贵起来。顶部的花纹虽然和上面的十字都是很久之后才建造的,但依然非常华美,结构也与教堂巧妙融合,与教堂的旧部紧密结合,仿若同时建造。

图 59　救世主-涅列季察教堂. 1198 年

（皇家考古委员会提供修复前照片）

图 60　修复后的救世主-涅列季察教堂

（弗・阿・波克罗夫斯基　摄）

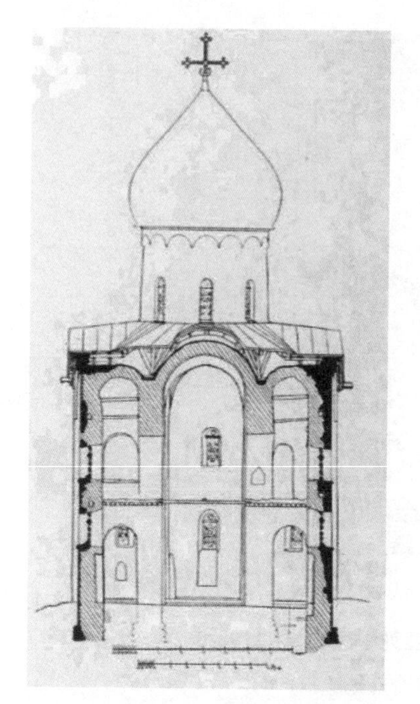

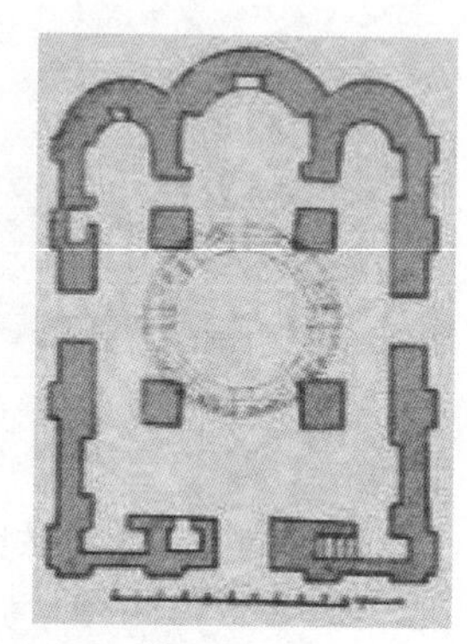

图 61　救世主-涅列季察教堂的剖面图及平面图

（根据彼·彼·波克雷什金的测量绘制）

图 62　修复后的救世主-涅列季察教堂的西北侧

（皇家考古委员会供图）

图 63　修复前的救世主-涅列季察教堂

（伊·弗·博尔舍夫斯基　摄）

图 64　救世主-涅列季察教堂的拱顶

（弗·阿·波克罗夫斯基　摄）

1904 年,教堂进行了修复,四坡屋顶改为半圆形的围墙顶,旧有部分建了窗子,窗子经历了重建、扩宽,最后又换成了古时那种窄窗。教堂的新屋顶代替之前在更高屋顶的圆顶,使建筑整体十分对称,教堂部分建筑也比较对称协调。有些东西虽然难以察觉,对我们来讲却十分宝贵、亲切,不过它们在修复后都消逝了,反而出现了诺夫哥罗德人很陌生的那些特点。一同消逝的,还有教堂原始的建筑方法和朴素简单赋予教堂的那种魅力。取而代之的是复杂、庄重的工艺,虽然还是拜占庭式的,但只有原始的教堂顶部才能述说诺夫哥罗德的情怀。这次修复前建筑师做了大量的测量和研究,在精准程度与科学严密方面远超此前,那些能够再次证明修复准确无误、毋庸置疑的资料,我们掌握依然不多。教堂的形式越来越简单,但诺夫哥罗德人并没有将侧面拱顶的高度降低到只占中间部分的一半,而是得出了一个合乎逻辑的结论:根本不需要侧面拱顶。对于祭台与侧祭台来说,东侧柱子后面,祭坛两边形成的角落已经足够,不需要再用半圆形凸出、拓宽。这种新思想首先在利普诺的尼古拉显灵大教堂中付诸实践(图 65—66、68)。教堂只有一个祭坛,也正是从此时开始,诺夫哥罗德的教堂几乎不再建造以前的祭台和侧祭台。1292 年,诺夫哥罗德大主教克雷芒建造了一座教堂,教堂位于城市东南方向 8 俄里处,坐落在姆斯塔河与其发源地格尼里尼河流入伊尔门湖时形成的小岛上。这座小岛阴森、孤寂,特别是春汛时,小岛几乎被水漫过,此时小小的教堂像是伫立在浩瀚的大海中。尼古拉显灵大教堂上方墙壁的四个角是后来增建的,从北侧墙壁看去特别明显(图 65)。教堂顶部起初的形式与米亚钦诺的报喜大教堂很像,为八面坡。上部的窗子是最好的力证:窗子是切断的,同时顶部还保留着此前尖尖的三角楣饰。除此之外,教堂四个侧面的装饰,也是更为有力的证据。“利普诺的尼古拉”是编年史作者对教堂的称呼,直到现在,这里的人也依然这样称呼;这是诺夫哥罗德建筑师没有采用公认的三分法切分墙壁建造的第一座教堂。墙壁上也是角落的壁柱,代替了普遍的四根壁柱。只有在建筑师填充空旷墙壁的上部采用的复杂

图 65　利普诺的尼古拉显灵大教堂.北部正面图

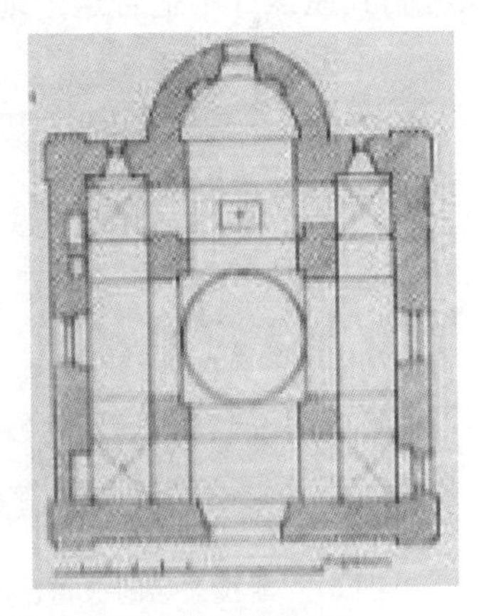

图 66　利普诺的尼古拉显灵大教堂.南部正面图及平面图

（伊·格拉巴里　摄）

花纹结构中,才能偶然瞥见三分法的痕迹。花纹图案从教堂内壁柱对应的线条上部开始,然后采用拜占庭建筑师常用的方法,在上面用砖堆砌。基辅的教堂与诺夫哥罗德的教堂,也采用了这种方式。这种花纹图案通常应用在拱形区域以及用于装饰的小圆柱上(图 67)。尼古拉-利普诺教堂的花纹图案以两个弧线形式开始,两条弧线开始时相对忽然陡转向上,然后在三角楣饰的最顶端重合,呈小尖角形式。这种三分式轮廓,在后来的诺夫哥罗德建筑中成为一种风尚,它的许多变换形式都成了最受欢迎的墙壁装饰方式。沃洛托夫地区的圣母升天大教堂的这种图案最有特色,教堂后来增建的角上也非常明显(图 69)。因为外部为砖砌棱边,因此这些图案使明暗分配更加得宜。图案像三分法教堂那样延伸,但是以连续雉堞形式向上爬去。四面墙壁下面的雉堞图案依然非常清晰,但是顶部凸出的三角形雉堞几乎消失了,只有西边墙壁还留存了些许残余(图 68)。自然,这些图案使旧时教堂更加漂亮,教堂顶部的装饰,特别是窗子上的小圆柱为教堂增添了几分魅力。但教堂最大的魅力在于教堂设计巧妙的顶部,可能这是过渡型的最早模型。教堂没有采用拜占庭式平面圆顶,也不是后来的洋葱头圆顶,而是那种头盔式屋顶。因为雨雪频繁,所以希腊式屋顶并不适合这个地方,需要将顶部削尖。

图 67　斯拉夫诺的彼得巴维尔教堂墙壁上的齿状花纹. 1367 年

(伊·格拉巴里　摄)

图 68　利普诺的尼古拉显灵大教堂的墙壁花纹. 1292 年

（伊・格拉巴里　摄）

图 69　沃洛托夫地区的圣母升天大教堂. 1352 年

（弗・尼・马克西莫夫　摄）

但也不可能突然不再修建侧面半圆建筑。因此，弗・弗・苏斯洛夫认为，应该有一种过渡类型，帕拉斯克夫-皮亚特尼茨大教堂的祭坛建筑就有这种类型的特点。教堂建于 12 世纪中期，位于叶雅罗斯拉夫庄园遗址，曾多次被烧毁，又多次重建，因此始终未被完全损毁。1340 年的教堂重建，可能是诺夫哥罗德人在此前重建留下的地基上建造的，也可能是在 1207 年新建时留下的地基上建造的（图 70）。若为后者，那么教堂的布局要比利普诺的尼古拉显灵大教堂的布局早些。和利普诺的尼古拉显灵大教堂相似，这座教堂也只有一个半圆屋顶，但教堂的主楼除了这个半圆屋顶，侧面还建了两个放置祭台和助祭台

图 70　雅罗斯拉夫庄园遗址的帕拉斯克夫-皮亚特尼茨大教堂. 1340 年

（伊・格拉巴里　摄）

的长方形小房间，高度与祭坛相同，但比教堂要矮许多，看上去与祭坛浑然一体。

戈罗季谢的报喜大教堂可能也属于过渡型。教堂建于1342年，位于诺夫哥罗德近郊的最高处，在沃夫霍夫河右岸城南2俄里处(图71)。教堂有一个半圆祭坛，虽然比此前的教堂高出很多，但教堂还是延续了三分式结构。18世纪教堂圆顶倒塌，重修时采用了木制圆顶，同时圆木制天花板也替换了此前的拱顶。虽然有些改变，教堂依然给人留下深刻印象，特别是从保留旧窗的白色祭坛那侧或者从一个窗子被损坏的南侧看去，教堂依然宏伟。正门上方的窗子被损坏，但正门的拱弧依然清晰可见，拱门以及大的双段壁柱表面曾用五彩斑点装饰。教堂内部的砂浆下，可见旧时绘饰的痕迹。这座教堂是诺夫哥罗德教区最有趣的教堂之一，但遗憾的是，它直到现在都没有引起研究人员的重视。

图71　戈罗季谢的报喜大教堂. 1342年

(伊·格拉巴里　摄)

最后一座这种样式简单的教堂，是科瓦廖夫的救世主-主易圣容小教堂，教堂建于1345年，位于沃夫霍夫河岸边距离城市4俄里处。几乎没有比它更简单的教堂了(图72)。即使东、南、北都建有附属建筑，也没有对教堂平淡简单的风格产生任何影响。教堂西侧是外部门厅，看来是在教堂建造后不久增

图72　科瓦廖夫的救世主-主易圣容小教堂. 1345年

(伊·费·博尔舍夫斯基　摄)

建的，门厅的存在还让建筑师能够在教堂的表面修建一个较深的壁龛，除此之外，还有一座小钟楼。教堂半圆顶较矮，墙壁也不再是三分式，取而代之的是三个相同的、规模较大的拱形区域，用以装饰教堂的圆形屋顶。圆形屋顶在不久前覆盖了幕状屋顶，屋顶冠上了很细的轴颈，轴颈上方采用了很久之后才出现的小圆头。很久之前，我们已经开始习惯这种17世纪末、18世纪常用的小圆头，但简单的锥形屋顶代替了此前的屋顶，教堂屋顶有了高加索风格，教堂美丽的外形有些失色，建筑整体温暖、舒适的风格也逐渐消失(图73)。墙壁内部嵌入了壁画，根据旁边的标注推断，应是建于1380年。圆鼓状屋顶的窗子外面是厚重的砖砌，内部还保留着斜坡，斜坡之间的隔墙上画着先知人物。

图73　科瓦廖夫的救世主-主易圣容小教堂. 1345年

(弗·尼·马克西莫夫　摄)

图74　诺夫哥罗德的托尔戈维地区的费奥多尔·斯特拉季拉特教堂. 1360年

(伊·费·博尔舍夫斯基　摄)

伊戈尔·格拉巴里

第七章　诺夫哥罗德建筑的繁荣

在上文中,我们涉及米亚钦诺的报喜大教堂、圣托马斯教堂、救世主-涅列季察教堂、利普诺的尼古拉显灵大教堂的独特之处,这些特点在14世纪下半叶修建的一系列教堂中得到最后的发展。建于1360年,位于托尔戈维的费奥多尔·斯特拉季拉特教堂(图74—77)还保留着最初的形式。教堂结构为四边形,但教堂的四根柱子上方是拱顶,这座教堂中放弃了拜占庭式自由分离的形式,而是在教堂内部与墙壁紧紧相连,与墙壁和拱弧的整个表面联结在一起(图75—76)。下面是低矮的圆柱,这是普斯科夫普遍采用的一种方法。我们很难明确说明,在费奥多尔·斯特拉季拉特教堂中,这种有四个三角楣饰的教堂顶盖的改进形式是何时出现的,同样也无法明确出现的原因。但应认为,普斯科夫木制建筑形式与后来莫斯科木制建筑一样,对此后石砌建筑形式都产生了决定性的影响;降低了教堂角落的拱弧,因此三角楣饰的侧面部分也随之降低,而后者的降低使教堂正面出现了所谓的三分式拱梁线条,与外部墙壁的装饰方法相同。半圆形的祭坛重复使用了三角楣饰的线条,锥形屋顶、墙壁在建造时最大限度地保留了拜占庭风格。教堂顶部的鼓状部分描绘非常细致,几乎可以媲美浮雕,而鼓状部分非常严整,线条生动,教堂顶部鲜艳明亮。教堂主楼西侧连接着进餐厅,进餐厅细节的处理风格与教堂整体风格一致,西北角是普通的诺夫哥罗德钟楼。

图 75　费奥多尔·斯特拉季拉特教堂的上敞廊

（伊·费·博尔舍夫斯基　摄）

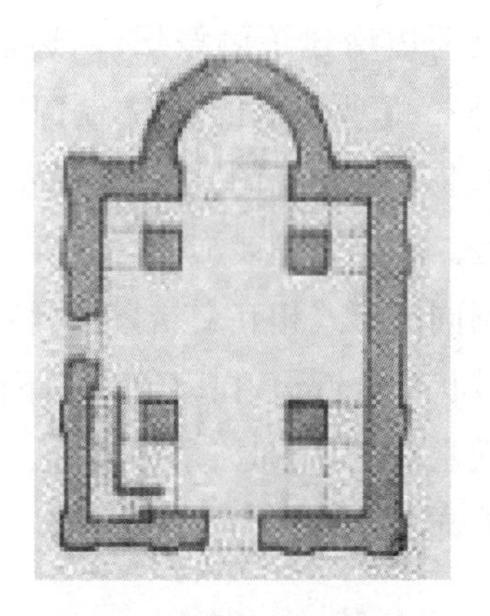

图 76　费奥多尔·斯特拉季拉特教堂平面图

图 77　祭坛侧的费奥多尔·斯特拉季拉特教堂. 1360 年

（伊·格拉巴里　摄）

建于1406年，索菲亚地区的彼得巴维尔教堂同属这种风格，只是南边增建了侧祭坛，西边建了木制门廊，因此教堂并不美观（图78）。值得庆幸的是，木制门廊上保留了许多开放式十字凹凸形的墙壁装饰。在老图片上，还能看到木板屋顶，这是三角楣饰形式的力证。砖砌墙壁装饰有一处美妙的设计：三角形凹处的许多小线条以不同的形式相互交错，极具特色。它们最普遍的用途是为教堂顶部鼓状部分镶边，在教堂头顶下面形成环带，但有时也会像彼得巴维尔教堂一样，用在三角楣饰上。彼得巴维尔教堂祭坛凸出部分的表面装饰与建筑整体上融为一体，非常和谐（图79）。

图78 索菲亚地区的彼得巴维尔教堂. 1406年

（伊·费·博尔舍夫斯基 摄）

图79 索菲亚地区的彼得巴维尔教堂. 1406年

（伊·费·博尔舍夫斯基 摄）

建于1374年，位于托尔戈维的救世主-主易圣容大教堂的三角墙是所有教堂中极其成功完善的典范（图80—82）。为使教堂不再那么单调，建筑师在墙壁上采用了丰富、独特的装饰。为达到这一目的，特别采用了形式各样的十字装饰，还有窗子上的壁龛——这可是拜占庭风格的最后遗迹。现在教堂的顶部和钟楼一样，都是后来的风格样式。1378年，当时著名的希腊大师费奥凡在所有内部墙壁上画了彩色花饰。随着时间流逝，这些绘饰逐渐失去色彩，变成白色。

图 80　托尔戈维地区的救世主-主易圣容大教堂. 1374 年
（伊・费・博尔舍夫斯基　摄）

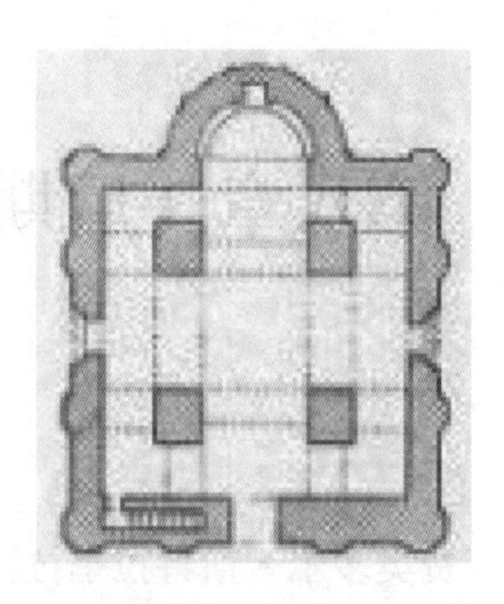

图 81　救世主-主易圣容大教堂的东南侧及其平面图

图 82　诺夫哥罗德的托尔戈维地区的救世主-主易圣容大教堂西南侧. 1374 年

阿・休谢夫　弗・波克罗夫斯基

第八章　后期的诺夫哥罗德教堂

费奥多尔·斯特拉季拉特教堂属典型的严整型教堂，但14世纪末至15世纪，并非只有严整型教堂这一种类型。有的建筑师会下意识地向古代教堂那种简单的形式靠拢，他们认为，新的形式的确非常雅致，但可能有些轻浮，不够严肃。以前的墙壁表面庄重，古朴简洁，这些都吸引着建筑师。他们试图重新恢复渐渐被人们遗忘的形式和无人问津的方法。若我们仔细观察位于斯拉夫诺的彼得巴维尔教堂的内部墙壁，很难相信这座教堂建造于1367年，竟比费奥多尔·斯特拉季拉特教堂还晚。教堂之所以看起来压抑沉重，不仅由于后来增建的两个扶壁，更是因为教堂最初修建时，墙壁完全是按照古代风格建造，窗子极窄，像“眯起了眼睛”（图83）。教堂曾有拱顶，在倒塌后更换为圆木天花板。建筑师可能觉得教堂墙壁太过粗糙简陋，所以将八坡屋顶换成了古时的拱架。教堂没有柱子，可能在顶部倒塌之后，人们发现不再需要柱子了。

还留存这种建筑印记的，是“郊区”或“田野”基督圣诞大教堂，又名“墓地圣诞大教堂”。教堂建于1381年，为八坡屋顶，也采用了极其普遍的三分式结构。壁柱略微凸出墙壁，中间与西侧部分的顶部是三壁柱式拱弧，而非常狭窄的东侧顶部，则是两个壁柱式的半弧形。除此之外，墙壁没有任何其他装饰，只是在圆鼓状屋顶的上方拱梁围绕，拱梁下还有一个深凹的壁龛。这是整个诺夫哥罗德最简单，却让人印象最深的拱梁环带之一（图84）。

索菲亚区兹维里娜修道院的圣母大教堂也很漂亮，教堂顶部以

图 83　斯拉夫诺的彼得巴维尔教堂. 1367 年

（伊·格拉巴里　摄）

图 84　“田野”基督圣诞大教堂. 1381 年

（伊·格拉巴里　摄）

前曾是八坡式,现在则为四坡式屋顶,依然保留此前的墙壁,简单朴素,教堂的圆顶更是让人深为着迷。教堂顶的头部是教堂外部轮廓最协调、最完美的部分之一。教堂初建于 1335 年,于 1399 年重建。

在这个修道院中稍远的地方,还有一座小教堂:西蒙主进堂大教堂(图 85)。教堂建于 1468 年,比第一座教堂的建造时间更晚,也是八坡屋顶,总体上继承了费奥多尔·斯特拉季拉特教堂的形式,但处理非常简单,甚至有点土气。教堂顶为扁平形式,即那种用在木制教堂的"扁圆形屋顶",从这座教堂开始,这种形式开始应用于莫斯科石砌教堂。还有一座风格相同,也极具魅力的教堂,即"郊区"十二使徒大教堂,但它的顶部破坏得更为严重(图 86)。1904 年教堂被烧毁,无论是最早还是后来修建的顶部,都换成了现在这种丑陋的顶部,与教堂严整的轮廓格格不入。教堂初建于 1405 年,采用了当时诺夫哥罗德非常流行的简易风格。这种风格最完整的代表,是位于维特卡拉多科维茨的圣约翰教堂。教堂建于 1383 年,为圆鼓状屋顶,屋顶有镶边的拱形环带环绕,屋顶的头部轮廓也非常漂亮。斯科沃罗斯

图 85　索非亚区兹维里娜修道院的圣母大教堂和西蒙主进堂大教堂. 1399 年与 1468 年

(伊·格拉巴里　摄)

图 86　索菲亚区的“郊区”十二使徒大教堂. 1455 年

克修道院中一座极小的教堂也是这种简化风格，教堂位于沃夫霍夫河右岸，城市东南方 3 俄里处。还有一座教堂也属于这种类型——兹维里娜修道院的尼古拉显灵大教堂，位于修道院南侧。教堂建于 1386 年，北边有彼得巴维尔侧祭坛与之紧邻。侧祭坛建于 1672 年，轴颈细长，再向上是颇有趣的拉伸形顶。无论是教堂，还是侧祭坛，都只有一个祭坛半圆，共同构成了美妙的画面，让人觉得它们像是可爱的玩具，而非教堂。

让人觉得最古老的，则是斯拉夫诺的伊利亚预言者教堂(图 87)。教堂虽然建于 1455 年，但是外表粗糙，就像复制了西尼奇山上的彼得巴维尔教堂或尼古拉-庄园遗址教堂。编年史记录了教堂在旧地基建造的情况，其中可能作了相关解释。教堂的圆鼓状屋顶非常宽阔，从比例看也非常沉重，而屋顶上方的圆头也显得比较笨拙。教堂最具特色的部分是东侧边缘的凸出，这部分虽然是后来增建，但与三

图 87　斯拉夫诺的伊利亚预言者教堂．1455 年

（伊·格拉巴里　摄）

个祭坛半圆一起，构成了弯折墙壁上不可分割的部分。墙壁朴素，没有任何装饰，但是这种简单粗糙的形式更突出了教堂顶部四边形金属十字（每一个边外面还刻画了十字形）的简单之美。

16 世纪诺夫哥罗德教堂的风格则完全不同。比较典型的有：雅罗斯拉夫庄园遗址上紧邻的米罗诺西兹大教堂与圣徒普罗科皮大教堂（图 88）。米罗诺西兹大教堂建于 1445 年，据编年史记载，建于“旧地基”之上，但 1510 年教堂因太过破旧而进行修缮。众所周知，所谓的“修缮”，特别是由富商进行的修缮，几乎完全是新建。我们完全可以肯定，教堂的基本形式也属于这个时期。圣徒普罗科皮大教堂位于米罗诺西兹大教堂的东侧，建于 1529 年，具有诺夫哥罗德以往的教堂所没有的特点。这两座教堂的祭坛上都是三个半圆，而非一个，位于米罗诺西兹教堂旁边，几乎要与教堂屋顶等高了。教堂为四坡屋顶，但无可厚非的是，这种屋顶出现的时间比较晚，教堂四面的墙壁还保留了三角墙屋顶要求的三分式形式，在圣徒普罗科皮大教堂尤为明显，但与以往不同的是，这种三分式形式中，中间的壁龛没有

图 88　雅罗斯拉夫庄园遗址上的米罗诺西兹大教堂
与圣徒普罗科皮大教堂. 1510 年与 1529 年

三分式弧形，而是尖形。侧面的半弧形也没有尖端，西侧所有的壁龛并非直至教堂最下方，而是在距离地面整个墙壁的三分之一处，因此，教堂整体看去更加美观。墙壁西侧的上方为三个尖顶小拱门，墙壁上的壁龛比较特殊，也是这种纯粹的装饰，所有这些都是由莫斯科引进的建筑方法。教堂上的小拱门替代了诺夫哥罗德以往圆鼓状屋顶上常用的、拱形凸缘的大拱门。顶部依然十分精巧，与教堂刚修建时的形式无异。米罗诺西兹教堂的圆鼓状屋顶上的拱形带较低，下方的凹处也不深。墙壁正面没有壁柱，只是南侧墙上的西边有一个凸出部分，而东边是两个，最低处到地面的距离，为墙壁的三分之一高。教堂内的四根柱子只有下半部分呈圆形，而圣徒普罗科皮教堂的柱子自上而下都是圆形的，与米罗诺西兹修道院、西蒙主进堂教堂相同。这三座教堂都有地下室或地下一层，与前两座教堂紧邻的帕拉斯克夫-皮亚特尼茨大教堂、基督圣诞大教堂，或位于斯拉夫诺和涅列夫的彼得罗帕夫洛夫教堂相同。

首次采用尖顶弧形方法的教堂是普罗科皮受难大教堂，安东尼修道院主进堂大教堂的西侧大厅中,这种方法则更为完善(图 89)。教堂于 1533 年重建,与前两座教堂几乎同时建造,并且教堂重建时,也感觉像是新建。教堂鼓筒形区域也有雉堞,与普罗科皮受难大教堂相似,墙壁上是尖顶形式的两阶半圆形壁龛。毫无疑问,屋顶为八坡,每边三分式的中间部分都能够证明。起初中间部分比侧面两部分高出许多,想必上面的弧线顶部也是尖形,与教堂壁龛和凹处相同。新的四坡屋顶打破了这种尖顶垄断的局面,采用了半圆形顶,上面还画有壁画,后来修缮一新并保留至今。为了装饰三角门梁下方的墙壁,建筑师在三分式墙壁中侧面壁龛的上方靠近中间部分的位置,建了两个很小的壁龛,与椭圆形侧面一同面向上方。

图 89　安东尼修道院主进堂大教堂的西侧大厅. 1533 年

(弗·阿·波克罗夫斯基　摄)

位于维特卡大街与斯拉文斯基小巷交汇处的报喜大教堂,虽然整体上也是上述特点,但是墙壁的处理有些许不同。1541 年教堂被烧毁后重建,墙壁也可能是这时重建的。教堂壁龛的凸出部分上部环绕着雉堞,而教堂上半部分的墙壁上方,分散着五角形两阶式凹处，与报喜大教堂紧邻的米哈伊尔天使大教堂的走廊也采用了相同形式。这两座教堂在建造之初各自独立，直到9世纪初才连接在一起（图90）。后来教堂的拱顶倒塌，用木制天花板代替，而石砌屋顶则用木构圆鼓状屋顶替代。费奥多尔河旁圣徒尼基塔大教堂的钟楼大约也建于那时（1557年），钟楼墙壁采用了当时十分流行的形式：尖顶拱梁、壁龛。位于普罗特尼茨基郊区托尔戈维区的鲍里斯格列布教堂在诺夫哥罗德教堂中地位特殊（图91—92）。与后来诺夫哥罗德的诸多教堂相似，教堂初次修建的时间相对较早，确切地说是1377年，但由于太过陈旧，1521年不得不从地基开始拆毁重建，1536年新教堂修建完成。但据编年史记载，教堂损坏如此之快是很少见的，最可能的原因是，许多教堂都是为了还愿或“处于良心考虑”加急建造的，有的是一个月内完工，有的甚至只有一周，木制教堂甚至一天就建好了，所以这些教堂又被称为“日常教堂”。即使如此，教堂也不可能这么不堪一击，在这么短的时间内就如此破旧，因此还有一种可能：编年史漏掉了某些教堂最初建造的时间，因为事实上这些教堂的墙壁历史都比较久远。

图90　维特卡大街的报喜大教堂及其钟楼. 1541年

（伊·格拉巴里　摄）

图91　托尔戈维区的鲍里斯格列布教堂. 1536年

（伊·费·博尔舍夫斯基　摄）

图 92　托尔戈维区的鲍里斯格列布教堂. 1541 年

（伊·费·博尔舍夫斯基　摄）

鲍里斯格列布教堂的正面没有采用诺夫哥罗德流行的三分式，而是采用了先前的拱形。每一面也用五根壁柱分为三部分，不过每一个部分的顶部不再是三分式弧形或半弧形，而是古代的拱形工艺：只在最后一部分向上，三个部分的上方，不再是圆形，以三角梁形式替代。因此，教堂的屋顶就有了一些费奥多尔·斯特拉季拉特教堂房顶那种整体的样子。尼·弗·波克罗夫斯基认为，鲍里斯格列布教堂的屋顶非常典型，是诺夫哥罗德城中他最喜爱的形式。他认为，从房舍或木制教堂的三角顶凸出的三角梁屋顶，不仅对多雨雪国家的教堂，对那些传统的老教堂也很实用，所以出于本能，诺夫哥罗德的木匠都应该对这种形式情有独钟，也启发着砌石工匠采用这种形式。这些都是确凿无疑的事实，也解释了为什么在诺夫哥罗德教堂中三角梁这么普遍，这么流行。这类教堂有费奥多尔·斯特拉季拉特教堂和托尔戈维区的救世主-主易圣容大教堂。但若只根据单一三角梁形式十分流行，进而推断三个三角梁形式在诺夫哥罗德十分流行，就显得有些荒谬。毫无疑问，自15世纪起，诺夫哥罗德开始用木材覆盖教堂房顶前坡面的弧形，但这种方式没有形成一种完整的形式，因此也没有普及。所以三角梁教堂在普斯科夫要比诺夫哥罗德普遍得多，诺夫哥罗德鲍里斯格列布教堂只是一个例外，并非典型的形式。还有一种更为荒谬的推断：有人认为，当时的建筑师喜欢按照旧形式建造教堂，所以鲍里斯格列布教堂最初就是这种三角梁墙壁；更有甚者，还有人认为："据编年史记载，教堂建于旧地基之上，很可能也是按照旧形式建造。"诺夫哥罗德教堂替代了以往莫斯科的五顶式。很明显，诺夫哥罗德人的确非常想按照"旧式"建造教堂，但成效并不大。

第九章　诺夫哥罗德教堂建筑的特点

如果将诺夫哥罗德不同教堂的所有特点总结为一点，我们可以得到最早期教堂风格的演变图，对此我们将在下文详述，而这些早期风格由君士坦丁堡的建筑师带来。

诺夫哥罗德首个大型石砌教堂为圣索菲亚大教堂。在教堂建造之初，其形式已与普通的拜占庭教堂差别较大。圣索菲亚教堂与拜占庭教堂的形式相似，都接近方形，并且东侧连接祭坛的凸出部分。墙壁的砌筑也是拜占庭式，由伫立的砖石与凿砌的大块石板交叉砌成，同时立柱的风格也继承了拜占庭风格：其上方支撑着教堂中部的圆顶。除此之外，教堂还采用了平面圆顶，用瓦铺砌了拱梁和拱门，教堂的西侧是前廊，也是拜占庭式。在以上部分中，我们均可见到拜占庭大师的技艺，但同时也可见另一类与君士坦丁堡的教堂并不相像，更接近诺夫哥罗德建筑的特点。

首先应该指出，那种偏爱明朗布局、建筑形式简单的风格，在圣索菲亚教堂东侧的内部也有所表现，在诺夫哥罗德的小教堂中尤为明显。可以说，这是形式最为简单的教堂了：教堂只在东侧有一个或三个半圆，以及支撑拱顶、圆顶拱弧上部的斗拱的四根立柱。除诺夫哥罗德-普斯科夫地区、弗拉基米尔-苏兹达里地区之外，何处还会有这种风格的建筑？这种风格源自哪里？这种风格是如何在罗斯出现的？可怜的罗斯，这一切应该是由不同的地方传来的吧？有关诺夫哥罗德-苏兹达里地区教堂类型的起源，观点实在太多。在俄罗斯艺术史上，可能就这一问题产生的观点和理论是最庞杂、最丰富的。这些不同的理论和观点有的机智巧妙，有的十分有趣，但更多的是荒诞无比；不过这些观点中，有时会包含新的想法，有时也包含一些合理的内容。无论如何，这些观点至少达成了一种共识：这个创作《伊戈尔远征记》的民族具有强大的创造力，也定能建造出他们所需的教堂。

建造君士坦丁堡早期教堂的那些建筑师当时根本没想到，竟有基辅圣索菲亚大教堂这种形式：教堂祭坛的半圆被分离出来；德·弗·米列耶沃前不久发现的什一教堂，整体上与之十分相似。在诺夫哥罗德，上述特点非常明显。君士坦丁堡的艾娅-索菲亚教堂中，东边宽阔的半圆上有三个小壁龛，紧挨屋顶下侧的方形空间。而半圆则从教堂墙壁凸出，不过只有中间的祭坛壁龛能够轻松拉出。在圣伊琳娜教堂，即现在的艾娅伊琳娜教堂中，祭坛只有内部一个半圆形凸出部分、外部三边形凸出部分，而祭坛的祭台与侧祭台则位于与祭坛近邻的教堂侧面，从东侧则看不到这种凸起。建于10世纪的圣母大教堂，即现在的艾娅圣母大教堂，则有这种凸出。在祭台与侧祭台的侧面部分，中间也有轻便的三角形凸出。萨洛尼卡的圣阿波斯托洛夫教堂也是这种形式。在萨洛尼卡圣索菲亚教堂、雅典修道院的教堂，特别是位于米拉的尼古拉显灵大教堂，能更清晰地看到侧面半圆形室。后来意大利与德国的罗马式教堂中，半圆室的压花更加完美，与我们在下述建筑中看到的类似：摩德纳教堂、米兰的圣安布罗焦教堂、耶利哥市的教堂以及施泰因巴赫那带有单个半圆室的柱廊建筑。但无论什么地方的建筑，都未曾像诺夫哥罗德的建筑那般，凸出的半圆祭坛在教堂整体结构中占据如此重要的地位。诺夫哥罗德的教堂，因为有了凸出的祭坛，所以整体上更加美观一些；并且东侧墙壁也比其他几面墙壁更加美观；这种美并不是图案之美（因为基本没有图案），而是艺术之美，因为建筑师采用了三个圆形凸起，还运用了波形曲线这种奇妙的线条。

诺夫哥罗德的教堂，还有一部分值得关注：教堂圆顶。教堂圆顶与其他部分类似，也是由拜占庭引入罗斯。我们在最开始已经讲过，这一部分也非常重要，因为它们早早地决定了俄罗斯圆顶教堂未来的发展方向。在拜占庭，教堂除了主圆顶之外，通常还有几个小圆顶，但小圆顶要矮一些，通常位于四边形教堂的四个角。俄罗斯建筑师对圆顶的构思与对祭坛的构思相同，也是下述这类想法：如果教堂只需一个圆顶，建筑师就会竭力构造最美的轮廓结构与线条；若可以建几个圆顶，那中间单独的圆顶就是整个圆顶结构中唯一的中心。旁边的圆顶之间十分紧凑，如此便可以与中间圆顶一起形成五圆顶。五圆顶一般在教堂的东边部分，而非中间，它们的高度几乎是相同的。有时，西边二层平台塔楼的圆顶与这五圆顶相连，塔楼一般有通向上敞廊或二层平台的楼梯，二层平台是拜占庭的妇女作坊，即女人的房间。如我们在尤里耶夫修道院和安东尼教堂所见，教堂有时有三个圆顶，并且这种情况下三个圆顶都建在西侧。虽然三个顶部的位置从平面图看上去完全不对称，但表面看去这三个圆顶都十分完美，想必是精心设计的(图 50)。

诺夫哥罗德教堂的圆鼓状顶部也与拜占庭式相似。首先，北侧没有使用君士坦丁堡与俄罗斯南部大部分教堂所采用的、装饰圆鼓状的复杂立柱，因为这种装饰需要使用昂贵的材料和高超的技艺。诺夫哥罗德采用圆形制式，代替了立柱组成的多面体形式。君士坦丁堡或高加索地区都可以使用且必须使用大窗，在拜占庭、巴尔干、格鲁吉亚、亚美尼亚教堂中，使用的那种圆鼓状顶部上十分突出的棱面，在诺夫哥罗德则没有；这里只有极小的缝隙，这是面对北方的严寒气候，在没有供暖、没有玻璃的情况下，能想到的唯一方法。诺夫哥罗德教堂圆鼓状顶部的比例更加修长。

起初，顶部是类似拜占庭风格的扁平形式，但后来在受气候条件限制的地方，这种形式很快被取代，渐渐采用诺夫哥罗德式建筑风格了。人们很清楚，暴雨暴雪之时，平面屋顶完全起不到任何作用；无论是诺夫哥罗德，还是弗拉基米尔，可能很早之前就开始建造尖屋顶了。尖屋顶中间以高耸的十字作为封顶，这种形式最为简单、自然。刚开始是比较小的、稍微有些尖的屋顶，很快就借助将尖顶与拱顶分开的木制叉梁，成为更明显、更修长的顶部。许多教堂在不知不觉中采用了这种完美的圆顶形式，如利普诺的尼古拉显灵大教堂、圣索菲亚教堂和尤里耶夫修道院的教堂，以及后来的涅列季察救世主教堂、费奥多尔·斯特拉季拉特教堂或彼得巴维尔教堂。这种整体上类似古时罩形顶部的建筑形式，在弗拉基米尔-苏兹达里的建筑中也可见到，后来由此传到莫斯科的圣母升天大教堂。这种罩形顶部也有很多形式，有高有矮，或是结构缓慢向上、逐渐缩窄，或是梁在底部就陡然隆起向上。罩形有时是圆形，有时则是陡然向上的椭圆形。如果对诺夫哥罗德未损坏的教堂顶部进行分类，必定会分出许多类别，能够直观展现最早期平面屋顶的演变。可归入这些类别的教堂，首先当属西尼奇山的彼得巴维尔教堂。教堂平顶的上端只露出较小的尖部，很明显，此前采用了十字封顶，不过现在十字要高一些。对于大圆顶上方的第二个小圆顶，其建造时间可能不早于18世纪。利普诺的尼古拉显灵大教堂的圆顶十分巧妙，应当排在第二位，虽然与前一个相比，这个圆顶要高一些，但总体仍然比较矮。圆顶应该与教堂同时建造，即1292年，现在依然保留着它的旧的形式。排第三位的是圣索菲亚教堂那高耸入云的中央圆顶，可能这是所有圆顶中最美丽、最完美和最宏伟的一个。尼古拉庄园遗址教堂的顶部可能与之类似，但后来顶部被损坏，于是用小圆顶替换了此前的罩形尖顶。居第四位的应属圣索菲亚教堂位于二层平台的塔楼圆顶，以及四个角的顶部。接下来，我们介绍一下尤里耶夫修道院圣乔治教堂的顶部。

这座教堂的顶部与圣索菲亚教堂的所有顶部类似，除了中间一个，其他几个都已被底部稍微隆起的顶部代替。圣索菲亚教堂的所有顶部都隆起向上，但其侧面也没有超过圆鼓状顶部的侧壁，只是紧贴下部。圣乔治教堂的顶部更圆，并且它的侧壁也已越过了圆鼓状部分。兹维林修道院克罗夫圣母大教堂的屋顶也与之类似，从圆鼓状顶直冲向上；但它的顶部比圣乔治教堂的要高一些，比例更加匀称，是诺夫哥罗德最美的教堂顶部之一。毫无疑问，14世纪末教堂改建时，顶部并没有一同改建，因此顶部应该是与教堂同时建造，即

1335年修建。涅列季察救世主教堂的顶部完全是另一种形式。屋顶底部位置从圆鼓状部分的边线凸出，高度低大约三分之一；轮廓直接面向十字，几乎形似一个等边锥形。这类顶部由此开始出现，索菲亚地区彼得巴维尔教堂的顶部是其中的一个典型代表。圣乔治教堂顶部的圆形凸起也属此类，米亚钦诺的报喜大教堂的顶部，也属同种。但根据后者加长的上半部分，我们推断，教堂顶部修建的年代已经是受莫斯科建筑影响的时期，确切地说，是16世纪。我们在圣托马斯教堂看到的那种伸长型顶部并非出现于17世纪前，而是更晚一些。在靠近兹维林修道院的尼古拉显灵大教堂中，彼得巴维尔侧祭坛也是与此类相似的顶部。我们不再一一介绍这一系列屋顶中的其他类型，因为这些类型在以后论及木制教堂建筑，以及莫斯科-雅罗斯拉夫建筑时都会介绍。同时，我们还略过建于18世纪与19世纪使诸多旧时诺夫哥罗德屋顶完全改变的那些奇异类型。对那些最独特，并且也未被破坏的形式，我们应该做一个补充：若不详细研究所有屋顶出现的时间，就不可能对某一风格出现的时间做出准确判断。如果利普诺的尼古拉显灵大教堂屋顶出现的时间与教堂修建完成的时间相同——都是在1292年——据此，我们可以认为：当时这种风格在诺夫哥罗德已经较为普及，因为这种非常古老的风格不可能是后来某次改造时才使用，所以那些认为教堂顶部的建造时间与教堂完工时间并不相同的想法是没有依据的。既然利普诺的尼古拉显灵大教堂屋顶的风格在13世纪末非常流行，那我们自然也可以推测，圣索菲亚教堂的修长型屋顶以及尤里耶夫教堂的圆形屋顶可能是在它出现前不久，也可能是在它之后不久，即14世纪初就出现了。史料中记载了曾摧毁“圣索菲亚教堂”的五次火灾，这几次火灾后，教堂顶部可能进行了重建。教堂中央顶部的基本形式，很有可能出现于1261年，当时，“大主教达尔马特将整个圣索菲亚教堂涂上铅色，意欲让它被永远铭记”。另外一份史料也提到此事，并补充：“愿上帝保佑，听到我们的祷告，赦免我们的罪过。”这些补充的史料中，关于这种简单装饰的记录非常少，因此我们推断，因为诺夫哥罗德教堂的新顶部与教堂,还有顶部新的表面都让人印象深刻,所以史料中才有所记载。还有一种可能,即圣索菲亚教堂圆顶的基本结构正是建于那时,而二层平台的圆顶形式与主圆顶的形式相同,只是在1394年发生火灾时,“圣索菲亚教堂二层平台的圆顶被烧毁”,所以才有了现在的结构轮廓。而其他四个屋顶出现的时间,看上去应该更晚。

诺夫哥罗德教堂通常采用铁皮包钉的木制十字,或全部用铁十字。时间再晚一些,出现了一种更为复杂的形式:大约从16世纪至17世纪开始,出现了比较新颖,并且普遍比较严整的形式,这种形式并非源于诺夫哥罗德,而是由莫斯科传入。

诺夫哥罗德有了自己的建筑大师以后,起初这些建筑师必须克服对希腊大师来讲很容易,但对他们来讲很难解决的一些技术问题,因此,他们需要尽可能简化从希腊学习到的所有方式方法,首先表现在墙壁的筑砌方面。拜占庭式筑砌体系多由一列列石块与砖块交替建成,较为整齐,但此处均被简单的混合型筑砌替代。后者的特点在于:石板不再是磨平的,而是将石板和简单的圆石混合,有的地方则混合了砖块,因此形成了两面墙壁,墙壁之间的空隙用石灰填满,石灰与石块的碎块溶解在一起。若在小型地基上方建造这种被称为“半毛石”的砌体,那些稍微沉重的墙体便会非常危险,为了防止倒塌,需要建造“框架”,即墙壁的两面起初都要用板包围固定,在墙壁完全晒干后,再将板移走。石灰质量很好,黏合性也很强,与通常两俄尺(1俄尺=71厘米)高的厚重墙壁混合,使得教堂非常坚固。正是这种筑砌方式,产生了诺夫哥罗德典型的不平整墙面、拱弧表面、拱顶表面等,使平整的表面出现了生动的线条,让现代人眼花缭乱,为之倾倒。教堂采用了木制连接,直至现在,还有几座教堂保留着这种形式。当时,砖块主要用于墙壁表面的装饰,并且制作的尺寸大小不一,根据它们的用途,有的宽些,有的窄些,有的长些,有的则短些。

随着建筑工艺的简化,教堂本身的建筑布局也变得简单,不再使用那些复杂的、非必要的部分。起初,东侧三个半圆非常明显,后来由于人们开始追求更简单、舒适与紧凑的形式,因此这些半圆开始趋向方形,直到最后侧面的两个半圆被完全抛弃。只有东侧建有祭坛,只有高处从教堂东墙伸出,主干部分占据整个建筑的东侧,紧挨带有圣像壁的圆顶的两根立柱。也是在这一时期,所有教堂都有了二层平台,起初位于连接西侧两根立柱与墙壁的拱顶上,后来则位于橡木原木材质的盖板上。

诺夫哥罗德教堂最本质的变化,是建造了三角墙式的顶部。很难确定这种类型出现于何时,也很难确切说明它源于何处;但关于它最可能的来源问题,也许北方木制建筑形式可以给我们提供答案。费奥多尔·斯特拉季拉特教堂、托尔戈维区的救世主-主易圣容大教堂,索菲亚区的彼得巴维尔教堂的屋顶均是这种形式,实质上它与农舍顶部类似,是两个普通的、互相交叉的两坡面顶部。在上部,两个坡面的交叉点高耸在教堂上方:上面是圆鼓状屋顶,再向上还有一个小圆顶。正是因为采用了这种形式,所以教堂顶部的四个面都是较高的三角墙,与农舍的正面或其所谓的三角顶十分相似,也许是因为那里同时受到了与诺夫哥罗德密切联系的希腊罗马式的影响。很多建于12世纪的德国教堂,其东侧半部分都有三个三角墙,并且在四个屋顶的连接处,还耸立着高高的塔楼。这种建筑形式与诺夫哥罗德四个三角墙,或称为八坡面教堂的建筑风格类似。希尔德斯海姆市的戈德哈德教堂,美因茨、沃尔姆斯的教堂也是这种形式,但穆尔哈特市的小教堂与诺夫哥罗德的最为相像。许多教堂的两侧都是独立的三角墙形式,无论德国还是俄罗斯,民用建筑形式运用到教堂建筑中,木制结构影响石砌建筑都具有决定性的意义。

而谈到教堂的各个方面,我们应该很确定:古时教堂的四面均是被垂直的壁柱切分为几部分的墙壁。这些壁柱呈扁平的半壁柱形式,一般超出墙壁约5到6俄寸(1俄寸=4.44厘米),与教堂内部立柱的正立面相呼应。在那些小型的、有四根立柱的教堂内,每一面墙壁的表面中央都有两根壁柱,边缘还有两个凸出的墙壁与它相接。四个壁柱的上方,借助由所谓的“拱架”演变而来的半圆拱梁相互连接。因此,教堂的每一面都有三个拱弧,并且东侧还有半圆形祭坛。在诺夫哥罗德，没有一座教堂完整保存了其最初的拱形顶部，但研究了修复前的圣索菲亚教堂与涅列季察救世主教堂后，我们确信，教堂所有的立面都曾有拱弧，而这些宏伟建筑也是遵循这一原则修复的。弗拉基米尔-苏兹达里地区几乎完整保留着这种类型的教堂。首次出现三角墙教堂时，古代的拱弧或所谓的"半圆围墙顶"已没有存在的必要，但由于人们已经习惯，所以并未舍弃这种形式。扎别林认为："早前在墙壁顶部建三个圆角的构思，如今通过每一面墙壁的三角墙得到体现。在此，墙壁正面也被壁柱—半壁柱切分成三部分。但位于墙角——三角墙旧式线条下方的上部圆角，应该是另一种形式，并相应地以屋顶坡面这种旧式线条结束，因此，中间的拱架被分成三部分，而侧面部分则要小一些，只有中间部分的一半。"据此，教堂的平面被渐渐切分。这种切分形式在诺夫哥罗德八坡顶型教堂中较为常见。

最早的八坡顶教堂，当属位于米亚钦诺的报喜大教堂。我们非常确定，从 1179 年建造之初，教堂便是这种顶部；还有一种猜测，虽然几率很小但也有可能，即这种屋顶是在早期重建后才出现的。若留意建于 1292 年的利普诺的尼古拉显灵大教堂，就会发现教堂确实已是八坡顶，并且教堂的建造、装饰独具特色，在很多方面都非常完美，据此推断，它并非诺夫哥罗德第一座拥有三角墙的教堂，这也就不足为奇了。因此，若未经过对诸多粗糙方法的雕琢，不可能突然形成利普诺尼古拉教堂这种美妙的轮廓，人们必定已经多次尝试用陡坡形式代替拱架形式。拜占庭也有将正立面切分为几部分的教堂，例如萨洛尼卡的瓦尔迪亚教堂（土耳其名称为"Kazancı 教堂"），君士坦丁堡的基督祝福像教堂。除此之外，三个半圆形轮廓也表现出建筑师追求清晰、简洁的构思，而这也影响了正面的装饰布置，在此构思的引导下，产生了纯粹的诺夫哥罗德装饰风格。其中最精美的一种方法，我们已在利普诺的尼古拉显灵大教堂的正立面见过，不过，这座教堂的正立面并非三分式。在利普诺的尼古拉显灵大教堂之后不久建造的科瓦廖夫救世主教堂、沃洛托夫地区的圣母升天大教堂也没有这样切分。看来的确有一段时间，诺夫哥罗德的建筑师不喜欢根据利普诺报喜大教堂的形式切分教堂正立面，因为这种方法破坏了自古以来便已存在的对称形式，他们拒绝采用。因此出现了完全对称的形式，而非“假”对称。这种形式没有延续多久，只在1250年到1350年存在，存在的时间可能不超过50年至100年。没有壁柱的教堂，墙壁表面会有四个内嵌小立柱，给人一种结构不是特别饱满的感觉，并且圆顶直接位于顶板之上，没有立柱支撑。这促使建筑师重新采用此前的三分式切分法，与14世纪中期的一系列教堂类似。托尔戈维区的费奥多尔·斯特拉季拉特教堂、救世主-主易圣容大教堂、索菲亚区的彼得巴维尔教堂的立面就是这种切分形式，非常完美。德国教堂中也有类似将中间半圆与侧面半圆切分的形式，但正如弗·弗·苏兹洛夫所讲，在德国，它们是“区分主中堂与侧面中堂拱顶的内部表面”，而在诺夫哥罗德，它们只是装饰。诺夫哥罗德三分式切分法，不见得是完全来自德国。如果认为扎别林关于其来源的论述、解释的可信度不高，那么，它来自西方或至少主要来自西方的论断也有些不可信。最可能的是，两种观点折中后就是事实：无论德国形式，还是倾向使用此前的拱架形式，这两种形式都对正立面新形式的形成产生了影响。无论如何，虽然有个别相似的特征，但这一时期的诺夫哥罗德教堂的不同部分整体上有其独特性，整个欧洲都找不到一座教堂可以堪称为费奥多尔·斯特拉季拉特教堂，或彼得巴维尔教堂的原型。

这些教堂的一个最迷人之处是它们的装饰。装饰是位于三角形低凹处的凹槽装饰，用来修饰圆鼓状部分的边沿，在教堂顶部的下方形成华美的花纹环带。有时它们位于三个壁柱弧形中间倒角下的三角墙上，索菲亚区涅列夫的彼得巴维尔教堂便是这种（图93）。这个短小的环带呈现为多边形凹槽，在它下方还有两个相似的凹槽，只是尺寸小一些。这些凹槽体现了诺夫哥罗德建筑师巧妙的艺术鉴赏力和对装饰的鉴别能力。建筑师根据多数人记忆中简陋、粗糙的形式来建造，这类艺术虽然粗糙，但那些“受过专业教育的”建筑大师可能会给予它们最宽容体谅的笑容，那种类似成年人对小孩的宽容。若长期研究这一时期的几座建筑，就会惊异于这种被现代诺夫哥罗德大师遗忘的绚烂艺术，因为它们只需采用最简单、最合理可靠且合适的方法，就能在墙壁上留下最丰富的雕塑图案。基里尔-别洛泽尔斯基修道院小塔楼的花纹墙壁仿佛雕塑图案织成的毯子(图 94)。根据砖块筑砌的方式可以推断，它的建造时间明显较晚，可能不早于修道院墙壁的建造时间，即 1633 年。但无论窗子还是花纹，都可以明显发现诺夫哥罗德的特色。一共三条花纹环带，其中最宽的一条一直延伸至墙壁中间，由五个与不同砖砌装饰相搭配的小环带组成。

图 93　索菲亚区的彼得巴维尔教堂的装饰图案. 1406 年

(伊·费·博尔舍夫斯基　摄)

图 94　基里尔-别洛泽尔斯基修道院的小塔楼. 1633 年

(伊·费·博尔舍夫斯基　摄)

位于乌格利奇的德米特里王子宫殿是非常著名的一座教堂建筑(图 95)。这座教堂公认的建造时间是 1462 年，但实际时间要晚一些，最可能建于 1480 年或 1483 年；这两年间，乌格利奇分封的公爵安德烈·瓦西里耶维奇·波利什与他的哥哥，也是他的仇敌大公伊凡三世(伊凡·瓦西里耶维奇)正暂时休战。因为怀疑安德烈意图侵略莫斯科，伊凡三世不仅没有阻止他在乌格利奇建造豪华建筑，还尽可能地给他派去技艺最高超的大师，他们营造的建筑，甚至能够与意大利建筑师菲奥拉万蒂修建的建筑媲美，因此出现了建筑工艺的革新。由此开始，诞生了只有砖块营造的建筑，乌格利奇宫殿的砖块煅

图 95　乌格利奇的德米特里王子宫殿．1480—1484 年

（伊·费·博尔舍夫斯基　摄）

烧技艺十分精湛,筑砌方法也很精妙,说明这一建筑来源于后菲奥拉万蒂时期。若只是筑砌方式特殊一些,那么整体上它应该属于早期莫斯科建筑的典范,但在墙壁的处理方式方面,又见到我们较为熟悉的诺夫哥罗德建筑师的建筑方法,因此,虽然它的建造时间有些久远,但我们将它作为清晰表现诺夫哥罗德对莫斯科建筑产生影响的典型建筑也是较为合适的。

在三角墙的上部,我们看到了与基里尔-别洛泽尔斯基修道院塔楼几乎相同的建筑方法。两座建筑采用的建造方法都让人印象深刻:三角形低凹处的凹槽与凸出边缘外砖块上的条纹相互交错。古拉多加的圣乔治教堂中,凸出边缘上的环带与椭圆形四角低凹缘饰相互交错,这种椭圆形四角低凹在基里尔-别洛泽尔斯基塔楼也有。带阶梯型立柱的瓷砖镶面,属于 15 世纪末的莫斯科艺术。费拉蓬托夫修道院也有这种诺夫哥罗德花纹与莫斯科式立柱结合的形式。

另一种特殊的墙壁装饰,是利普诺的尼古拉显灵大教堂与费奥多尔·斯特拉季拉特教堂中那种位于窗子横梁上方，当做窗眉的涡旋饰。这些涡旋饰从上到下划过祭坛的半圆部分，使其看上去类似索菲亚区彼得巴维尔教堂的多棱体。托尔戈维区的救世主-主易圣容大教堂的这种装饰是最丰富、最完美的(图 96)。除上述装饰，此教堂的圆鼓状屋顶部分还有小型凹槽组成的整个环带，小凹槽上部呈圆形，下部被横向切分。环带与上部的拱门部分、中间的三角形低凹，共同形成宽阔的花纹条带，使整个圆鼓状顶部极具美感。位于上部的小拱门下方，以及窗缘下方、门上的涡旋饰下方、中间半圆立柱和侧面半弧形立柱的下方，都有这种拜占庭常见的图案，但也正因采用了新方法，所以产生了不同的感觉和印象。救世主-主易圣容大教堂的墙壁除了采用以上装饰，还采用了诸多不同形式、不同规格的凹形装饰：圆形的、方形的、上部带倒角的、椭圆形的，还有带尖顶的。诺夫哥罗德墙壁装饰中，最受欢迎的是所谓的用于祭祀与祈祷的十字架。祭祀用十字架竖立在墙壁壁龛上，壁龛是为安放十字架特意修建。祈祷用十字架通常从墙壁表面凸出，但要比祭祀十字架更精细一些，常常放置于教堂的最上部，而非下方。

图 96　托尔戈维区的救世主-主易圣容教堂. 1374 年

(伊·格拉巴里　摄)

16 世纪时出现了一种新的装饰方法，即类似安东尼修道院的主进堂大教堂、斯拉夫诺的报喜大教堂中的那种形式：上部是带尖弧形的半圆形壁龛，还有分散在墙壁上的五角形凹槽。

诺夫哥罗德教堂的建筑特色还有所谓的“扩音器”，或称为“教堂内嵌入墙壁表面的瓦罐状结构”。在历史文献中，就这个特殊结构的名字多有争论，从教堂墙壁上，很难看到那个黑色的圆孔里有什么。有的人认为，其中能看到某种共鸣器设备，用于改善教堂的音响条件；而另一些人认为，它具有结构意义。通常它们安装在教堂的最上部，于是人们推断，其作用是减轻整个圆顶的负重。但最可能的是，这些扩音装置主要具有结构性作用，同时它们也可以当作共鸣器。利普诺的尼古拉显灵大教堂有许多扩音装置，丘茨基湖旁边许多小教堂的墙壁甚至打了许多孔洞，这种扩音装置数量更多(图 110)。

最后，我们还需讲一下诺夫哥罗德教堂的另一个特点：即所谓的“教堂底层”或“教堂下层”，它于 14 世纪末出现，但直到 15 世纪下半叶才开始普及。有时，这些底层就像一个低矮的教堂，祭坛部分的光可以照进此处，墙壁也有圣像花饰，其中一些还有壁龛。通常它们只用作储藏室，用来存放教堂资产。位于斯拉夫诺的彼得巴维尔教堂的“教堂底层”建造时间最早(1367 年)，随后是“田间的”圣诞大教堂(1381 年)，15 到 16 世纪时还有十座类似的教堂出现。

第十章 普斯科夫的教堂建筑

普遍认为，普斯科夫建筑与诺夫哥罗德建筑相差不大，前者大都是后者的“翻版”。为证明这一观点，通常会引用市民大会的一个条例：“老区怎么选，郊区就怎么变。”这句话好像是说：“诺夫哥罗德集体公社生活的主要特点和根据其特点形成的艺术，以及普斯科夫地区所有的建筑物，可以代表整个诺夫哥罗德-普斯科夫建筑风格的特征。”但越深入研究普斯科夫艺术，就越深信：虽然与诺夫哥罗德艺术颇有渊源，但普斯科夫艺术绝对也有自己独有的特点，虽然普斯科夫从诺夫哥罗德借鉴不少，但同时普斯科夫人也教会了诺夫哥罗德人许多东西。

不要忘了，上面我们引用的是诺夫哥罗德市民大会的条例，但在普斯科夫，却没有发现那么多例证可以证明这里效仿诺夫哥罗德。众所周知，普斯科夫人与诺夫哥罗德派到这里的人有冲突，在1337年，他们甚至当庭拒绝了诺夫哥罗德统治者，矛盾由此激化，于是他们不再向诺夫哥罗德统治者缴纳所谓的“通行税”，赶走了诺夫哥罗德派来的地方长官。直到后来诺夫哥罗德人正式承认普斯科夫像古时一样是独立的，是他们的“小兄弟”而不是他们的郊区，纷争才结束(1347年)。这段简短的历史资料说明，普斯科夫人并不是完全顺从、无条件地接受来自诺夫哥罗德的一切，并且我们可以肯定地推测：普斯科夫艺术也不可能是多么自愿顺从地接受，更多的是被迫接受。

确实，将普斯科夫保存至今的最古老建筑与诺夫哥罗德的建筑进行对比，可以明显地划分出后来普斯科夫建筑的典型特点。这里早期建造的教堂与诺夫哥罗德一样，都是木制的。完整保存至今的最古老的石砌教堂，是位于普斯科夫市扎韦利奇耶区的米罗日斯基修道院的救世主-主易圣容大教堂（图 97—98、115）。教堂建于 1156 年，它的内部到现在几乎没有任何改变，只是壁画翻新了，而外部当时只有平坦、简单的墙壁。它最初的屋顶与古时的顶部都没有保留下来，毋庸置疑，钟楼是后来增建的。1581 年的洞窟圣母大教堂、波克罗夫圣母大教堂（图 169）圣像画中已经有这个钟楼了，而米罗日斯基修道院的图画中没有。其中一座钟楼被塔楼替代，可能是那种老旧的带壁柱的塔楼。在洞窟圣像画中，我们可以看到，当时它或是覆盖着拱弧，或者是每一个面都有三个三角墙。大主教十字教堂的圣像让我们确信，屋顶是三角墙形式的。但这明显没有解决屋顶最初是什么形式这一问题，很可能是到了 15 世纪或 16 世纪，拱顶或拱弧才变为三角墙形式。

图 97.（1）

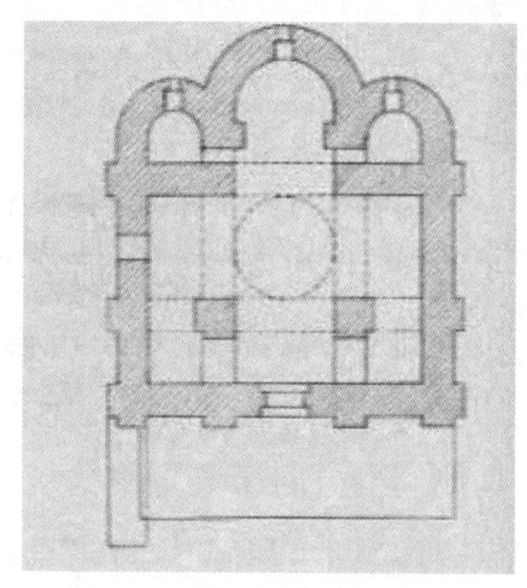

图 97.（2）

（1）普斯科夫的米罗日斯基修道院的救世主-主易圣容大教堂. 1156 年
（2）修复前的北部正面图及平面图

（伊・费・博尔舍夫斯基　摄）

这座教堂是诺夫哥罗德-普斯科夫地区第一座与基辅拜占庭风格有明显差别的建筑。首先我们看到的是，建筑师希望将教堂建在

图 98　普斯科夫的米罗日斯基修道院的救世主-主易圣容大教堂，修复后

（伊·格拉巴里　摄）

尽可能更紧凑的空间内。这种紧凑能够抵御冬日的严寒，但同时要使这么庞大的建筑尽量紧凑，结构必然要非常复杂。从此，这种紧凑性就变成了普斯科夫教堂的显著特点。一位研究人员说，普斯科夫人不怎么注重教堂是否宽敞：四根柱子几乎占据一半的空间，然而许多教堂却弥补了这一不足。得益于普斯科夫人敏锐的艺术鉴别力，最大的缺点被克服，并通过他们的艺术才能变成了新风格。空间紧凑促进了新的比例的诞生，也产生了普斯科夫建筑典型的矮而结实的特点。这里没有诺夫哥罗德那种宏伟、庄重的教堂，而是那种小型、紧凑，但十分迷人的教堂，并且这种教堂的数量非常之多，几乎每个十字路口都有一座。诺夫哥罗德人有让整个北方都恐惧的豪放气魄，他们敢于同莫斯科竞争，政治上也很强硬，因此，宏伟的教堂比较适合他们。而普斯科夫人并不关心太遥远的事情，他们关心的是如何保卫自己的土地不被德国人侵略。这里舒适、可爱的教堂与他们的性格气质很相符。东边侧面的半圆并没有占据过多的空间，米罗日斯基修道院中的，非常低矮，高度远远不及中间部分的一半。而大约在一百年之后，诺夫哥罗德才将侧面半圆屋顶的高度降低。除此之外，支撑屋顶的拱弧，或称为“鞍带式”拱弧，并没有直接靠在墙壁上，而是靠在墙壁上面的支架上。

但它最本质的特点是紧凑的祭坛部分。之所以有祭坛，是为了能够在狭小的范围容纳下一切。将米罗日斯基修道院的救世主教堂和与它同时代的诺夫哥罗德教堂相比，首先会发现它们结构的东边部分存在差异：米罗日斯基修道院的救世主教堂的东侧部分非常紧凑，就像被隐蔽了一般。这种东侧几乎隐蔽的形式，使它不再对北侧、南侧靠近祭坛的立面进行划分，因此，本来的三分式变成了两分式（图 98）。由于这种倾斜的立面显得不对称，所以虽然很紧凑，但诺夫哥罗德人重新利用了东边部分，形成了三段式切分，与我们在米亚钦诺报喜大教堂、旧拉多加的圣乔治教堂看到的形式类似。

不过，米罗日斯基修道院最初的风格，毫无疑问是对称式的。起初是等边的十字形结构，现在依然保留了这种十字形，并且十字四个端点的最上方都能看到。十字占据的空间最初时就已是两层，那时候补充教堂结构的十字、形成四边形形式（侧面两个半圆屋顶和西北、西南方的两个角）的四个角都比较矮，只有一层。边上的半圆屋顶也是这样，而西边角的上方后来建造了上敞廊，使整个西侧变成了两层，导致教堂现在看上去是斜的。而斯涅多奥尔斯基修道院的圣母圣诞大教堂也是这种类似的形式。史料记载，该教堂建于 1310 年，但经弗·弗·苏兹洛夫确认，真正的建造时间应该还早一些，因为它的外部形式和拱顶几乎与米罗日斯基教堂相同。它很可能与修道院同时建于 13 世纪。

按照建造时间先后，约翰女修道院中的先驱约翰大教堂，应该是普斯科夫居第二位的教堂，我们在其中看到了纯粹的普斯科夫建筑的特点，从这时起，这一特点在很大程度上变成了普斯科夫建筑的典型特点（图 99—101）。教堂约建于 1240 年，与修道院同时建造；教堂简单的形式、敦实的比例，与米罗日斯基、斯涅多奥尔斯基教堂相像，只要通过它的立面就可以发现，当时的建筑师已经开始追求对称了。

图 99　普斯科夫的约翰女修道院

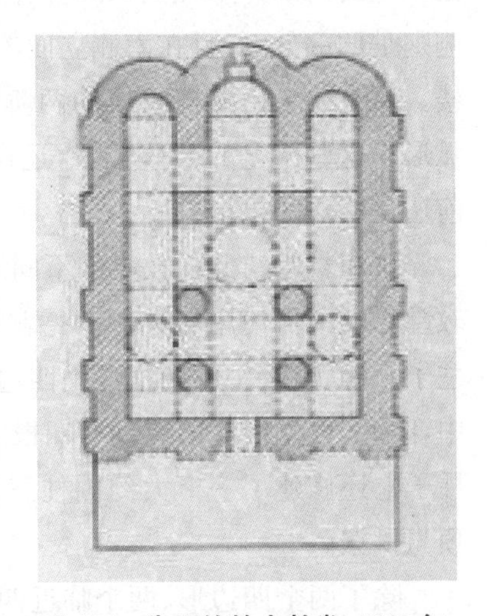

图 100　先驱约翰大教堂，1240 年，教堂西侧及其平面图

（叶·费·叶利扎罗夫摄于普斯科夫）

图 101　约翰女修道院的先驱约翰大教堂，西北侧. 1240 年

（伊·费·博尔舍夫斯基　摄）

但教堂的内部并不相同，那时西侧与东侧由三部分组成，而北侧与南侧则是四部分，并且在南侧立面的西边边缘上方，还修建了一座小钟楼。还有一个由壁柱组成的两阶壁龛，壁龛顶部是有些简单粗陋的弧形。这些壁龛的某些位置，还保留着装饰用的窗式小壁龛。屋顶前还是明显的拱形。

这座教堂与此前教堂的不同之处，主要体现在教堂内部，此前的教堂已经不再使用诺夫哥罗德常用的四边形柱子，而是采用了圆形柱子。确实，其中的两根还是四边形，但这两根隐藏在祭坛的圣像壁中，因此，教堂内我们看到有四根西式的柱子，都是圆形。并且，这些柱子上还修建了一个大约圆柱三分之一高度的矮四面体，上面是拱顶与拱梁。

除了两个四边形、两个临近四边形的圆柱上的主屋顶，教堂还有两个带顶部的空心圆鼓状屋顶。关于它们的来源，弗·弗·苏兹洛夫给出了非常巧妙的解释，他认为，两个顶部非常明亮，应该是用于照亮完全没有光照的上敞廊，这样修女就可以在此唱歌，阅读圣书。这个解释之所以被广泛接受，还因为教堂西面有了这两个顶部后，教堂整体看上去比较对称，和米亚钦诺的报喜大教堂相似。同样，这里的建筑师没有在西面建屋顶，而是将圆顶移到了东侧，此时，教堂结构毫无疑问就不对称了，因为它位于南边立面的中间，这样左边就有两部分，而右边只有一部分。建筑师建造这些顶部，本是为了将圆顶的中心从东边移到西边一些，却采用了新的圆顶结构，但从有的地方看上去竟很美丽、很迷人。特别是小屋顶让人舒心，屋顶上的装饰花纹更显得奇特。

约翰女修道院内还是四边形柱子，但后来，在那些有四根柱子的小教堂内，柱子几乎都是圆形的了。主城内建于 1371 年的彼得巴维尔教堂就是这种形式，并且教堂顶部因为采用了有花纹的铁皮装饰，所以还保留着最古老的形式，同时带花纹的铁皮在阳光下闪耀，赋予教堂独特的美感(图 102)。

在普斯科夫的圣瓦里西大教堂可以看到，因为受到不同实际想

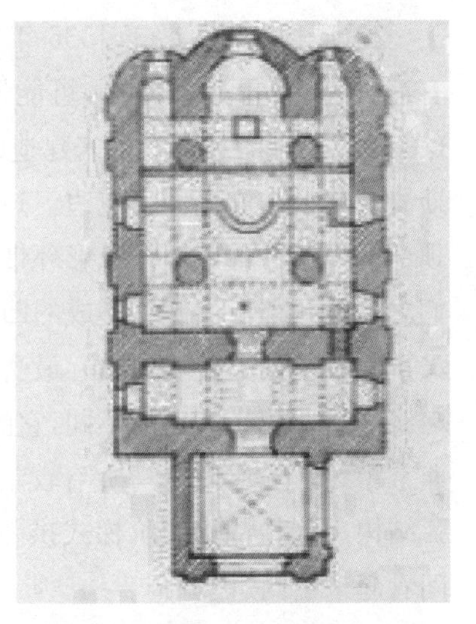

图 102　普斯科夫主城中的彼得巴维尔教堂的平面图. 1373 年

法的影响，所以它的内部形式有了进一步的变化。教堂建于 1413 年，低矮的祭坛半圆上方，有一条宽大的图案条带装饰，条带由三角形凹槽花边和两个尖的砖块条纹组成，因此，从这边看上去，教堂美丽异常。这个半圆北侧，还有一个副祭坛半圆与之相接，它们与精致的圆鼓状顶、副祭坛的小圆顶一起形成了美妙和谐的结构，只是后来教堂建造的四坡屋顶和头顶，破坏了这种结构。后来教堂内部的柱子，也不再全是圆形。从平面图看，只有教堂西侧的柱子还是圆的，东侧的柱子在壁祭坛部分向东的那一侧被磨圆，而西边的则是平面（图 103—104）。不过这恰巧又十分合理，因为若这样，平坦的一面就可以固定那时候已经紧靠上方的圣像壁，并且祭坛内不再是围着角转动，而是在圆形表面转动，方便了许多，因为在空间紧凑的地方角会笨拙一些。也正因如此，西侧的柱子也就被磨圆了。

图 103　“小山上的”圣瓦西里教堂 1413 年

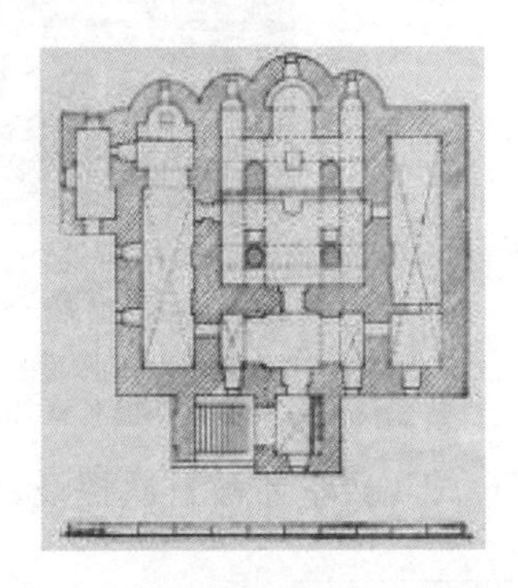

图 104　教堂祭坛部分及其平面图

（伊・格拉巴里　摄）

建于1371年,后于1536年重建的尼古拉显灵大教堂整体上也有这种特点,重建教堂时,可能增建了顶部十分漂亮的北侧副祭坛(图105)。大的顶部是后来建造的,但两个圆鼓状屋顶上都环绕着普斯科夫典型的漂亮图案花边。14世纪、15世纪普斯科夫所有的教堂顶部下面通常都有一条弧形环带,环带的弧形下带有阶梯式凹陷;它们之后是一列由尖砖块形成的凹陷,然后是一列三角形凹陷,再往下又重复了一列尖砖块凹槽。最受普斯科夫人喜爱的窗子上方的边缘与诺夫哥罗德半圆形的不同,它的小窗子上方以角的形式向上竖起,非常雅致。圣尼古拉乌所哈教堂①最有意思的一部分是副祭坛的拱弧结构。这种特殊的阶梯式拱弧结构将整个方形空间覆盖,整个房间看起来更高、更宽阔。

图105　普斯科夫的尼古拉显灵大教堂. 1371年

普斯科夫最美的教堂是圣谢尔盖扎鲁日耶教堂(图106)②。1561年,教堂才被首次提及,但无疑应该建于14世纪,因为教堂的四

---

① 意思是:干旱地区的尼古拉教堂。
② 意思是:潮湿地区的谢尔盖教堂。

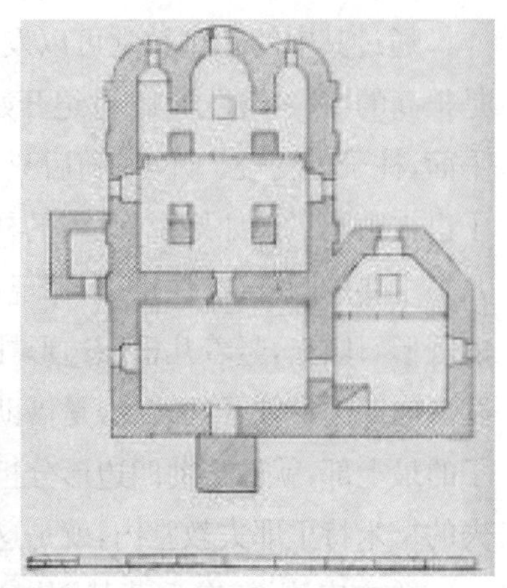

图 106　普斯科夫的圣谢尔盖扎鲁日耶教堂. 14 世纪　教堂东侧及其平面图

（弗・阿・波克罗夫斯基　摄）

根柱子都是方形，若建于 15 世纪，建筑师不可能不使用当时已十分流行的圆柱形式。从教堂的立面可以发现，此前教堂曾是四个三角墙形式，只是后来添加了角部。中间那些用于阻隔四坡屋顶的三根壁柱，其顶端也被切分了。它的三个祭坛半圆非常矮小，侧面的比中间的更矮。无论是祭坛半圆，还是圆鼓状屋顶，都环绕着圣尼古拉乌所哈教堂的那种图案，它的窗子也有那种边缘装饰。顶部覆盖着绿色的琉璃瓷砖，并完整保存至今，使教堂看上去非常严整、漂亮。这是唯一可以用来想象普斯科夫艺术繁荣时期教堂昔日巅峰情景的典范。北侧墙壁的中间部分，后来增建了一座曾用于勘测的小钟楼，钟楼的北部用三角墙做了巧妙处理。

普斯科夫还留存了许多与上述教堂类似的教堂，包括阿纳斯塔西娅教堂（1377 年）、科济莫杰米扬斯克的格列米亚奇教堂（1383 年）、米哈伊尔天使大教堂（1389 年）、主显圣容大教堂（1444 年）、巴洛门斯克圣母升天教堂（1444 年）、科济莫杰米扬斯克近桥大教堂（1462 年）、旧升天大教堂（1467 年）、圣乔治大教堂（1494 年）、瓦尔拉姆大教堂（1495 年）、复活大教堂（大约也在这时）、约阿基姆-安诺夫大教堂（1500 年左右）。

通过其中的几座教堂可以发现，其内部柱子是不断演变的。起初是很高的“圆木”柱子，15 世纪开始，东侧柱子变为圆形，从前面看则是平面，柱子也变矮了许多，随后只有一个成年人的高度，后来西边的柱子也被磨圆了。如果说，此前的柱子给人的印象是四边形底层上建了几根主要的圆杆，撑住拱顶；那现在给人的印象则完全相反，敦实、巨大的圆形石墩上，竖着几根四边形柱子，这些柱子上直接支撑着拱弧。从圆形向四边形柱子的转变，是借助了特殊的托架，这个托架位于圆形柱子的最上部，就像帮助四边形分担着承重，同时托架上还有拱弧。格多夫的德米特里耶夫教堂内，就是这种非常漂亮的柱子（图 108）。

总之应该说，在丘茨基湖岸边以及纳洛瓦河畔，都还保留着许多普斯科夫式的教堂。教堂建筑师采用了普斯科夫人创造的所有新方法及其衍生的方法。他们不仅将祭坛圆柱的东边部分磨圆，还将中间半圆形的凸出部分也磨圆了，因为这一部分恰好位于祭坛高桌位置，占据了很大的空间。还有以下这些教堂的凸出部分也均被磨圆：位于科贝里耶·戈罗季谢的教堂（不过只是北侧部分被稍微磨圆了一些）、多莫日罗卡教堂、奥尔金十字村的大教堂、格多夫的德米特里耶夫教堂（图 107）。

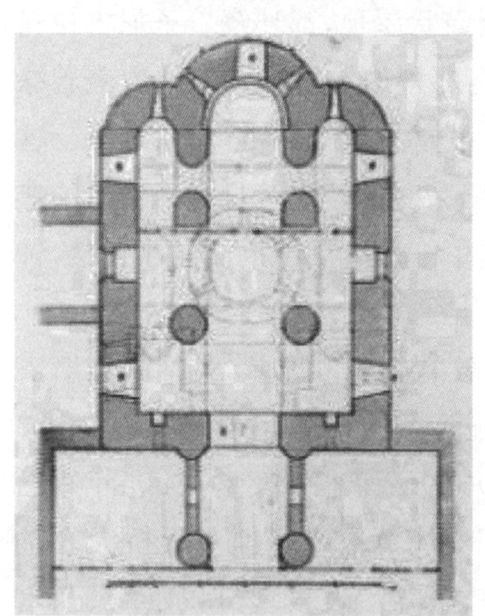

图 107　格多夫的德米特里耶夫教堂

（根据彼·彼·波克雷什金的测量绘制）

15 世纪出现了一种完全没有柱子的教堂。只有小教堂才是如此，其中包括普斯科夫尼古拉显灵教堂、纳多尔宾救世主-主显圣容大教堂，以及格多夫圣母升天大教堂（教堂建于 1431 年，非常漂亮，伊·伊·波克雷什金曾对其进行过研究）（图 109）。顶部有“垂直相交、像梯形一样蜿蜒向上的拱梁，拱梁支撑着明亮、宏伟的圆顶”，因此顶部看起来非常完美（图 110）。

图 108　格多夫的德米特里耶夫教堂内西北侧的立柱. 1540 年

（皇家考古委员会供图）

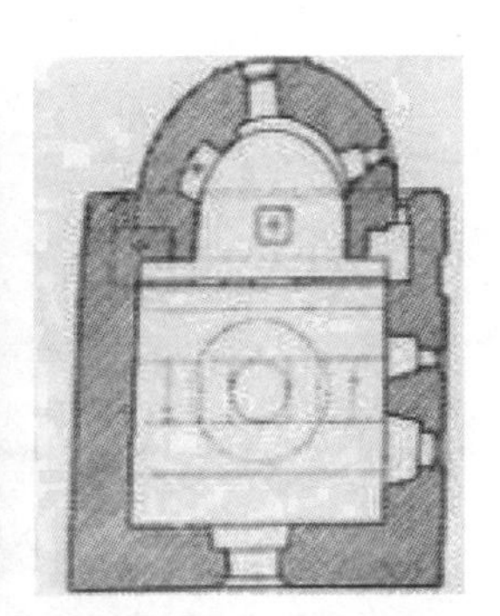

图 109　格多夫的圣母升天大教堂，1431 年，教堂东南侧、东侧及其平面图

（皇家考古委员会供图）

最后，不得不提及位于扎韦利奇耶的韦利克河岸边，虽然不大，但并不逊色的罗马教皇克雷芒教堂（图 111）。无法确定它建造于哪一年，只知道它曾是德拉奇洛夫修道院的一座教堂，1615 年，修道院被摧毁。毫无疑问，这座教堂建造的时间更早一些，可能 15 世纪就已经存在了。

图 110　奥尔金十字村的尼古拉耶夫教堂的拱顶和扩音孔

（皇家考古委员会供图）

普斯科夫教堂的另一个特点是它们教堂门前的台阶。诺夫哥罗德教堂也有这种台阶，但已经是很久之前了，据史料记载，可以追溯到12世纪上半叶。因此我们可以推断，在教堂门前建造台阶的想法是由拜占庭传来，只不过在拜占庭，它们被称为前廊或外廊，当时的台阶是露天的，北方不可能出现。有这种需求，并且台阶还能发挥一定作用的，一般都是普斯科夫那些比较小、不够宽阔的教堂。有时候，这种台阶或前廊只在西边有，有时南侧和北侧也有，这种情况下，小教堂的每一面都建了低矮的斗室。

图 111　扎韦利奇耶的罗马教皇克雷芒教堂. 16 世纪

（阿·维·休谢夫　摄）

普斯科夫教堂墙壁的装饰一般比诺夫哥罗德的简单些，也没有那么独出心裁。它们一般十分简单，简化到如同我们在圣尼古拉乌所哈教堂、谢尔盖显灵大教堂看到的那个样子；并且通常只有圆鼓状屋顶和普斯科夫教堂普遍都有的三个祭坛半圆有装饰，只有不带柱子的小教堂，才会有一个半圆屋顶。只在很少的教堂立面，才能见到相同的装饰方法，例如普斯科夫郊区瓦尔拉姆教堂（1495 年），其中的装饰位于上部倒角两侧、三片式的中间部分上方。15 世纪末，普斯科夫建筑师开始享有盛誉，其他地区的人也纷沓而至，邀请他们。我们知道，大公伊凡·瓦里西耶维奇在 1472 年将他们请到莫斯科，他们在那里建造了许多教堂，还有圣三一谢尔吉耶夫男修道院。人们不禁质疑，早期莫斯科建筑中，曾有一座最了不起的教堂，即莫斯科郊外奥斯特洛夫村的救世主-主易圣容大教堂，其中是否能一睹他

图 112　莫斯科州波多尔斯基县奥斯特洛夫村的救世主-主易圣容大教堂. 约 16 世纪中叶

（伊·格拉巴里　摄）

们的技艺？这座教堂北侧和南侧副祭坛的圆鼓状屋顶和头顶，好像全部是从韦利克河地区传到莫斯科河地区的：头顶下方都有带阶梯凹槽的拱弧，相同的尖砖块和三角形凹槽构成的花边装饰，还有窗户上那些相同的伸向上方的尖角(图 112)。东边三个半圆上方也有相同的图案环带。

后来的普斯科夫建筑中，在这条普斯科夫人非常喜欢的装饰环带上又出现了一条线，教堂不再像以前那么严肃，虽然显得教堂有些许做作，但由于线条很柔和，有各种各样独特的使它更柔美舒适的精致工艺，因此依然非常美丽，也很宝贵，约阿基姆安娜大教堂的祭坛图案中，就有这种线条装饰。画上图案的砖块外部边缘也稍微有些磨平，因此，三角形凹槽在深处与圆锥相交，而表面则变宽了。这使得图案整体上更加轻盈、玲珑精巧(图 113)。

图 113　普斯科夫的约阿基姆安娜大教堂的祭坛图案. 约 1500 年

（伊・格拉巴里　摄）

第十一章　钟楼与门廊

钟楼与门廊是普斯科夫建筑最具特色之处。

很难确定究竟从什么时候开始，早期诺夫哥罗德与普斯科夫的教堂开始放置钟的装置。我们根据编年史的史料推断，很久之前，教堂就已经有钟了：1067 年，波洛茨克大公弗谢斯拉夫·布里亚奇斯拉维奇曾到过诺夫哥罗德，他“学会了有关圣索菲亚教堂枝形吊灯、钟的一切，然后离去”。但无论在那个遥远的年代，还是在很久之后，钟的体积都非常小，不需要额外复杂的装置来悬挂。1526 年，诺夫哥罗德铸造了一座重 250 普特(俄罗斯重量单位，1 普特约为 16.38 公斤)的大钟，这在当时可是空前绝后，编年史编撰者根据新的大钟推断：大钟“非常宏伟，像一根大管，是诺夫哥罗德市，也是整个诺夫哥罗德地区绝无仅有的”。若对诺夫哥罗德人来说，此钟几乎已是钟王，可以想象，诺夫哥罗德最早的钟究竟有多小。那些钟可能只是悬挂在教堂旁边某个地方的木杆上，后来可能悬挂在要塞墙壁的“长杆”与雉堞之间，再后来教堂的某一面墙壁有了一种特别的、与横梁连接的石砌柱子，而钟就挂在与柱子连接的横梁上。

简单的单跨距钟楼是由两个石砌小柱子以及柱子上的梁(后来柱子上面换为拱形过梁)构成，看来这就是墙壁上最初的钟楼，但均没有保存下来。后来，诺夫哥罗德克里姆林宫中的安德烈·斯特拉季拉特小教堂，其三角墙上方有个钟楼，可能有些像我们上面提到的这种。在诺夫哥罗德的另一座教堂——伊万·米洛斯季维教堂，可以看到进门西墙上有三根小柱子，形成了两个有小拱的跨距(图 114)。教堂初建

图 114　诺夫哥罗德附近位于米亚钦诺的伊万·米洛斯季维教堂. 1421 年

（伊·格拉巴里　摄）

于 1421 年，但当时墙壁上没有柱子和拱弧，教堂应该是很久之后改建，然后才有了现在的样子，改建应该在诺夫哥罗德出现这种形式之后。资料显示，教堂于 1672 年改建，可能由于资金匮乏，所以不能建造当时流行的钟楼，只能建这种古式小钟楼。尽管普斯科夫这种类型的钟楼是由 13 世纪留存至今，但其数量可能并不少。约翰女修道院的教堂中，有这种典型的钟楼（图 99—101）。钟楼是双跨度的，小柱子中间是圆形，并不像古代钟楼的柱子那样整体都是四方形。教堂内部柱子的演变，也都体现在钟楼的小柱上，与门廊柱子的经历大抵相同。先驱大教堂墙壁上的钟楼，可能于 14 世纪末或 15 世纪初增建，但仍要补充一下：所有这些都只是大概推测，因为我们也是很久之后的现在，才了解到这些古时残余遗迹。

圣谢尔盖扎鲁日耶教堂北面墙壁上的墙壁钟楼最雅致（图 106）。这座钟楼也是双跨度的，但它保留了先驱大教堂没有的双面坡顶。坡面的竖线与切分正面的弧形斜线协调一致。

当时不悬挂大钟的地区非常流行在墙壁上建造钟楼，因为大钟一般需要特别的建筑，一般的墙壁可能悬挂不了。可能起初就只是在一面墙壁上建造了一座特别的小钟楼，类似教堂墙壁的附属建筑。救世主-主易圣容教堂（救世主米罗日斯基修道院）就是这种形式的钟楼，（图 97、106、115）。钟楼紧贴北面墙壁，向西延伸，整体上美化了教堂正面单调的墙壁，在很大程度上使教堂更加美观。正如上文所讲，与教堂相比，这是一种旧式钟楼，因为若根据图示上描绘的古普斯科夫推测，1581 年时还没有这座钟楼。修建时间这么晚的旧式建筑非常少见，因为它形式太过简单，所以我们推测它的实际建造时间要向前推三百年，或至少是二百年。

图 115　米罗日斯基修道院的救世主-主易圣容教堂. 1156 年

（列·列·施赖特尔　摄）

15 世纪末，人们开始热衷于将钟楼建造在正门或门廊西面入口的墙壁上。约阿基姆安娜大教堂门前台阶的山墙上挂着的双跨度钟楼非常漂亮，还有普斯科夫郊区的复活大教堂前面台阶上方悬挂的三跨度钟楼，三个跨度由四个谢尔吉耶夫斯基样式的柱子形成（图

116)。教堂的建造时间不得而知,形式几乎与建于 1495 年的瓦尔拉姆教堂形式相同,因此,教堂大约也建于此时,16 世纪之前可能还未建造钟楼。我们不应忽略教堂南边独特的冠状侧祭坛的小圆顶。

图 116　普斯科夫郊区的复活大教堂. 约 1500 年

钟楼发展的下一阶段,是脱离其他建筑。伊兹博尔斯克内,位于古城堡遗址墙壁旁的树荫下,有一座尼古拉显灵者大教堂,教堂里面就有这种奇美的小钟楼(图 3)。普斯科夫-佩切尔斯基修道院也有这种类型的小钟楼,但后来被毁,钟楼的一边覆盖木制屋顶,形成四边形的塔楼,塔楼上是四坡屋顶与滑稽的圆头(图 117)。

非常幸运的是,图画中还保留着普斯科夫旧时的全貌。众所周知,1581 年,斯特凡·巴托雷攻克了波洛茨克与大卢基之后,包围了普斯科夫。普斯科夫人进行了顽强的抵抗,将他阻挡在城墙外很长一段时间。在那段被围攻的可怕岁月里,被围困的人都表现出了非凡的英勇气概,产生了许多美好的传说和神奇的故事。这一时期,一位老人做了一个梦,当包围撤退后,一系列“圣母圣烛节”的圣像将梦境描绘出来,刻画了整个普斯科夫。“1581 年 8 月 26 日,圣母玛利亚降临普斯科夫的波克罗夫圣母修道院,她看到名叫多罗费娅的老人坐在修道院墙边哭泣、祈祷,哭诉亲眼看着这灾祸到来,她哭诉的一

图 117　普斯科夫-佩切尔斯基修道院的小钟楼. 16 世纪

（鲍·科·廖里赫　摄）

切仿佛柱子一般，从佩切尔斯基修道院越过江河到达天堂，从米罗日斯基修道院冲向城市，越过柱子上空传达给圣母。还有安东尼、狄奥多西、修道院院长尼利厄斯以及城墙上的上百人……”由此开始了大主教十字小教堂的圣像画中所刻画的长篇故事，故事后面讲的是：圣母让老人立即去找部队长官与佩切尔斯基修道院院长，通知他们将佩切尔斯基修道院中的旧圣母像拿来，挂到梦境中曾经悬挂佩切尔神幡的墙上。

描绘这一梦境的圣像有几个，并且它们之间差别非常很大。其中，大主教十字教堂的圣像中所描绘的普斯科夫最真实，最具说服力(图 118)。若按照普斯科夫真正的样子来说，这个粗略的图画根本不能称为“普斯科夫图”，因为其中只画一座教堂和城墙，但也正因比较粗略，所以图画只是简略的建筑图形式，而不是那种写生画。即使如此，也是当时那些游历罗斯的欧洲旅行家所画的、不同城市的类似图

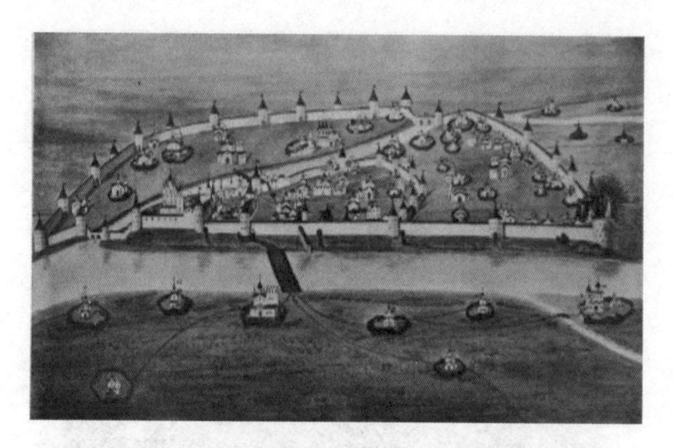

图 118　1581 年的普斯科夫图. 普斯科夫附近大主教十字钟塔楼中圣母像的中间部分

（军事工程师戈多维科夫 1866 年的水彩画）

画所不能比拟的。德国旅行家奥列阿里画的诺夫哥罗德是虚构幻想的，虽然画是在兹纳缅斯基圣像上，也非常精巧。但兹纳缅斯基圣像中的古诺夫哥罗德并不特别清晰，因此，我们无法根据大主教十字教堂的圣像复原整个普斯科夫的旧时轮廓，甚至普斯科夫的教堂建筑也无法复原。我们指的是，要使用那些图画都是有条件的：圣像画作者未必肯“复制”他熟悉的教堂，因为这完全违背了他自己的风格，不过他只需要描绘当时存在的著名形式就足够了。我们之所以相信这种形式，还因为其中所刻画教堂的所有不同建筑特色，也可以通过其他途径来确认。当然，完全没必要只在与它比例相同的教堂中寻找。

看到这幅画时，首先会注意到其中每一座教堂，即使是最小的一座也都有钟楼。我们在中城的城墙上，能看到木制教堂上的黑色斑点，教堂旁边就竖立着高大的木制钟楼，钟楼可能建在石砌城墙壁与教堂墙壁之间的梁上。我们在兹纳缅斯基的画作中也看到了这种附属建筑，想必这种建筑应该非常普通，特别是在更古老的年代。在约安诺夫修道院教堂的钟楼，也有所体现，恰好是在它增建的那一面。无论是这座钟楼还是这里的其他钟楼，表面都是三角墙，竖立在每一个跨度的拱形过梁上方。还有那种单跨度的钟楼，例如内城的圣灵降临大教堂，其三角墙是两坡式的。钟楼跨度越多，其塔楼的齿状就越明显。其中，塔楼齿状最明显的是位于扎韦利奇耶的门桥大教堂，其中有五个跨度，每一个跨度上方，都有两坡式三角墙。这座钟楼连同它的六根柱子一起，一直保存到现在，只是三角墙被损毁，上面被磨平，覆盖了小房顶，小房顶下面覆盖了模样丑陋的宽房檐木板，墙壁大部分都是拱形顶闭合（图 119）。原本从平坦的墙壁到柱子、跨度，都没有任何过渡，比较美观，但在墙壁末端，也就是钟楼开始的位置，伸出了如此丑陋的木制房檐，抹杀了这种美好。只能希望未来的某一天，人们能够关注到这个真正的普斯科夫艺术中被荒废掉的无用的建筑，能为它修建一个与救世主-主易圣容修道院刚修建的钟楼类似的平屋顶（图 97）。巴洛门斯克圣母升天大教堂的钟楼，可能与教堂同时修建于 1444 年。钟楼建在地下室与有拱弧的仓库上，并且看来是同时由下而上建造。

普斯科夫郊区主显大教堂的钟楼看起来就没有那么雄伟（图 120）。教堂建于 1397 年，但在 1495 年重建，可能那时候增建了钟

图 119　普斯科夫的扎韦利奇耶的门桥大教堂的钟楼. 1444 年

（伊 · 格拉巴里　摄）

图 120　扎韦利奇耶的主显大教堂的钟楼. 1495 年

（伊 · 格拉巴里　摄）

楼。钟楼墙壁并不是直接连接地面，而是在钟楼的底面下增建了一个特别的、显得比较笨重的附属建筑，形成了一个台阶。在普斯科夫的图画中，钟楼当时只有三个跨度，但下部的突出部分已经存在了。现在的这几个跨度并不相同，左边的两个几乎是右边的两倍大，这让我们猜测，可能首先建造了左边，此后才建造了后面两个，并且左边的将中间的挤向了右边。可以看到其中的三个三角墙，每一个都盖上了幕状屋顶，使整体构图非常具有魅力。

升天大教堂，又名“老升天大教堂”的钟楼当属最美(图 121)。它是大主教十字教堂的圣像中具有两坡屋顶的钟楼之一，跨度看上去非常清晰。毫无疑问，钟楼与教堂同时建造于 1647 年。钟楼的比例非常匀称，算是最佳比例。其中无一多余，所有部分都严谨到极致。钟楼建造的高度应该让远处的人也能听得到钟声，因此，现在钟楼的高度，是可达到的最高极限。钟楼下面用作库房，只有一个必需的小窗。钟楼毫发无损，这是非常罕见的个例。

有的钟楼是我们喜爱的两层形式，皈一教的尼古拉显圣大教堂就属此类(图 122)。因为钟楼建于 1676 年，所以此前普斯科夫的画中没有这座钟楼。

虽然建造时间比较晚，但作为皈一教教堂的钟楼完全保留了古时钟楼的美景和特色，给人留下迷人的印象。

普斯科夫-佩切尔斯基修道院的钟楼是最美的(图 123)。教堂最初并不是这个样子，并且最初建造时，也不一定有钟楼的两个跨度。很明显，钟楼上半部分是很久之后增建的。也因为现在这种连续层级的结构，所以很难确定钟楼建造的大概时间，更不用说确切时间了。教堂可能是 15 世纪开始建造，17 世纪或 18 世纪完成。

很明显，诺夫哥罗德人建造普斯科夫未曾建造过的宏伟钟楼时，采用了普斯科夫的这种形式。其中之一是索菲亚大教堂那座雄伟的钟楼(图 124)。叶夫菲米钟楼由诺夫哥罗德大主教于 1439 年修建，一直保存至今，毋庸置疑，它现在的模样肯定不是最初的样子。最有可能的是，它是大致按照这个位置上倒塌的旧教堂的类型建造的，无

图 121　普斯科夫的“老升天大教堂”的钟楼. 1467 年

（伊・格拉巴里　摄）

图 122　普斯科夫的皈一教的尼古拉显圣大教堂的钟楼. 1676 年

（叶・费・叶利扎罗夫　摄）

图 123　普斯科夫-佩切尔斯基修道院的大钟楼

（鲍・基・廖里赫　摄）

图 124　诺夫哥罗德的索菲亚大教堂的钟楼. 1439 年

（伊・格拉巴里　摄）

论如何，其中都强烈表现了我们在现在的普斯科夫建筑，以及在此前三年内建造的钟楼中看到的形式。但此前在叶夫菲米塔楼或普斯科夫门桥大教堂的钟楼，那平滑华丽的墙壁流露出的极致美景已经消失无踪了。它的整体轮廓是：六根大柱，柱子中间有五个纯普斯科夫式的大钟，柱子上方的圆形部分，环绕着一圈并不明显的线束构成的房檐，跨度的弧度上面的钟楼顶部，也是这种线束。除此之外，前面的墙壁被四边形或五边形的三阶壁龛划分开来，看上去十分单调。它们的建造不早于17世纪，有的是18世纪，例如屋顶与现在教堂上部屋顶，最初也与普斯科夫的一样，是三角梁形式的，这些在古时形式的图示中，都能看到。

如果说普斯科夫正如我们在大主教十字圣像画看到的那般，每一座教堂都有自身墙壁式钟楼，塔式钟楼不怎么流行，那么在诺夫哥罗德则恰好相反，墙壁式塔楼很少，塔式钟楼则非常普遍。至少15世纪末至16世纪时便是如此。这里曾用于悬挂大钟的第一种建筑当然是壁式钟楼，但何时、为何出现塔式钟楼，我们却无从得知。大概其中一些早期钟楼是不高的四边形建筑，就像互相紧靠的两个立方体，上面是幕状顶部。我们自然而然地推断，它们都是木制钟楼。当木制钟楼演变为八边形之后，这种石砌建筑也曾有的新型钟楼，在俄罗斯北方迅速流传。这种形式是根据木工创造的方法建造，不止一次使用。后来出现了石砌钟楼，像完全复制了木制圆锥顶钟楼。木制塔式钟楼一般以这样的形式切分：下面是正方形的，只是在距离地面的一定距离内，立方体变为八边形。石砌教堂也开始完全按照这种方式建造。这种类型的典型建筑，是索菲亚区内彼得巴维尔教堂的塔式钟楼。钟楼的建造时间可能不早于18世纪，比例丑陋，钟楼挂钟的跨度很宽，与旁边优美的教堂格格不入，但钟楼可能只是复制了此前比较流行的形式。费奥多尔·斯特拉季拉特教堂的钟楼是八面体钟楼的典范（图74）。救世主-涅列季察教堂的钟楼也完全是这种独特的形式（图63）。有趣的是，钟楼是18世纪末才建造，并且也没有它建造的可靠资料；从钟楼的外形来看，它可以说是诺夫哥罗德塔式钟楼最古老的幸存。如果说它确实如此,那我们只能据此推断,建造者并不聪明,可能完全不是建筑师,只是一名石匠,因为他只是复现了那时已经存在的形式而已。

我们可以明确断定,16 世纪至 17 世纪的石砌塔式钟楼,直接由木制幕式屋顶教堂发展而来,并且也只能由此而来。当然,因为 15 世纪,甚至 16 世纪中期都没有这种木制教堂,我们这样推断应该是有些冒失的。我们所有的结论,当然也只是多少有些真实的推断,但也有少量证据表明,石砌塔式钟楼以及木制幕状屋顶教堂,都是从堡垒塔楼转变而来。还有一个推断:八边形钟楼的原型,是诺夫哥罗德的克里姆林宫的大主教宫内非常著名的小礼拜堂,或叶夫菲米塔楼(图 125)。塔楼由叶夫菲米建造,时间是 1436 年,是俄罗斯艺术殿堂中最伟大的建筑之一。塔楼由下向上逐渐收窄,使教堂看上去更加秀丽。塔楼平整的墙壁上有漂亮的窗子,造在壁龛上方,而壁龛的上部有几个台阶,深入墙壁平面。塔楼的顶部,毫无疑问是后来建造的,而最初的样子可能是幕状屋顶。在上部,八个跨度上曾经有一个可以发声的大钟,因此,这座塔楼又叫小礼拜堂。我们从史料得知,钟楼旁边伫立的两层建筑是圣叶夫菲米的邸宅,1433 年由叶夫菲米下令建造,并且是由俄罗斯及德国来的建筑师建造。可能几年之后他们才建造塔楼。

图 125　诺夫哥罗德的叶夫菲米塔楼. 1436 年

(伊·费·博尔舍夫斯基　摄)

格多夫市的圣母升天大教堂也有塔式钟楼,塔楼墙壁与小礼拜堂墙壁有些相似(图 126)。塔楼也很简单,复制了小礼拜堂墙壁平面之美,只是规模要小一些。钟楼研究者伊·伊·波克雷什金认为,它建于 16 世纪中期。

米哈伊尔天使长大教堂的门上钟楼是纯粹的普斯科夫建筑,非常简单(图 127)。

图 126　格多夫市的圣母升天大教堂的钟楼. 约 16 世纪中叶

(皇家考古委员会供图)

它似乎继承了古老的壁式教堂的特点，无论怎么看，与诺夫哥罗德的塔式钟楼都没有共同之处。钟楼的建筑时间无从知晓，若根据大主教十字圣像画推断，1581 年时还没有这座钟楼。据此，我们还可以推断，钟楼建于整个教堂重建之时，即 1694 年。只有在普斯科夫、在这么晚的时期，还修建这种很少，甚至没有体现当时流行的莫斯科艺术风格的建筑。诺夫哥罗德后来所有的建筑都没有避开莫斯科艺术风格，只是与之有些偏差。所有建筑的幕状屋顶，都有莫斯科非常流行的天窗，墙壁上也是非常典型的莫斯科方形凹陷与门头线。棱面的宽度一般不同，那些正方形底座的延长部分，比其他被磨平角的四个面要宽一些。与此对应的，有四个跨度的钟也要宽一些，因为钟的高度也不同，所以四个窄跨度看起来也比较协调。建于 1682 年的兹纳缅斯基教堂(图 128)的钟楼就是如此。建于 17 世纪的尼古拉-庄园遗址教堂(图 129)、位于维特卡大街的报喜大教堂(图 90)的钟楼，还有德米特里·索伦斯基教堂(1691 年)的钟楼，以及其他几个塔式钟楼，都是这种形式。

图 127　普斯科夫的米哈伊尔天使长大教堂的钟楼. 17 世纪

(伊·格拉巴里　摄)

除了壁式钟楼，普斯科夫教堂最典型的特点是它的门廊。它们与壁式钟楼一样，都是普斯科夫建筑的瑰宝，都使教堂更具迷人的魅力。门廊最主要的建筑方法是在教堂内部使用大量的柱子，普斯科夫建筑对这种形式确实十分钟爱。同时，柱子上最喜欢使用圆形表面与棱面结合的方式。每根柱子都给人留下印象：建造初期柱子是方形的，但是当建造结束时，那些熟悉的部分又变为圆形。好像柱子不是由板材建造，而是由某种柔软的东西塑造，后来才硬化凝固。钟楼以及石砌门廊的这个特点，是普斯科夫建筑的特别之处，赋予它们独特的雕塑艺术形式，并且这种奇特的方式使它们与古埃及的建筑类似。

图 128　诺夫哥罗德的兹纳缅斯基教堂的钟楼. 1682 年

（弗・尼・马克西莫夫　摄）

图 129　诺夫哥罗德的尼古拉-庄园遗址教堂的钟楼. 17 世纪

教堂西侧门前台阶上方的门廊，由两根并不高大的柱子组成，两根柱子相互联结，与台阶墙壁、拱弧也相连接。柱子上方覆盖着复曲线拱，以两坡屋顶为封顶。位于普斯科夫的格列米亚奇山的科济莫杰米扬斯克教堂，大概就是这种形式（图 130）。教堂建于 1383 年，与此前科济莫杰米扬斯克修道院的地基一起建造，但门廊可能在 15 世纪建成。起初，门廊可能有两个坡面屋顶，18 世纪时在上面增建了一座小钟楼。

图 130　普斯科夫的“格列米亚奇山”科济莫杰米扬斯克教堂的钟楼. 15—16 世纪

（伊·格拉巴里　摄）

图 131　普斯科夫-佩切尔斯基修道院的尼古拉教堂的钟楼入口. 16 世纪

（鲍·基·廖里赫　摄）

佩切尔市尼古拉教堂通向钟楼的门廊稍微复杂一些(图 131)。柱子与别致的门廊按照另一种方式建造,可以沿着门廊逐步向上。遗憾的是,门廊被外面的遮篷掩盖,像被钉在罩中。这个门廊应该属于 16 世纪的建筑,但根据某些特征推断,修道院圣器收藏室的门廊应建于 17 世纪末,它简单到极致的形式,给人留下特别深刻的印象

(图 132)。走廊处的两个柱子自下而上,通过几个小台阶从圆形变为方形。台阶下面的各角还能看到从圆形柱子凸出的小托架。

图 132　普斯科夫-佩切尔斯基修道院圣器收藏所的门廊. 17 世纪

(鲍·基·廖里赫　摄)

门廊的建筑方法,复制了科济莫杰米扬斯克-普里莫斯基亚教堂(图 133)大门的建造方法。大门建造时间可能不早于 17 世纪末,但整体上保留了旧时门前台阶的形式。普斯科夫人特别喜欢使用简单并且沉重矮小的形式,喜欢波浪式的墙壁表面,即使是 18 世纪,甚至是 19 世纪的建筑中,建筑师也一直忠于旧建筑,于是建造了一批几乎没有任何新时代痕迹的新建筑。这种小型的建筑结构遍布普斯科夫的近郊,包括门廊、某种门前台阶的墙壁、窗子的挡板,或者美丽如画的边门(图 134)。

伊戈尔·格拉巴里

图 133　科济莫杰米扬斯克-普里莫斯基亚教堂的大门. 17 世纪末

(伊·格拉巴里　摄)

图 134　近普斯科夫的先诺村的教堂大门. 18 世纪

(鲍·基·廖里赫　摄)

第十二章　诺夫哥罗德与普斯科夫的要塞建筑与民用建筑

和我们刚开始建造的教堂一样，古罗斯城市的建筑均是木制建筑，只是在教堂建筑中使用了石砌建材；就这样多年以后，才开始建造石砌墙壁与塔楼。建造时也采用了当时建造早期石砌教堂时所采用的拜占庭式方法与风格。若我们将保存至今的普斯科夫的墙壁、佩切尔斯基修道院墙壁（图 135）与察理格勒要塞[①]、其他拜占庭要塞的墙壁进行比较，就会发现它们在风格和建筑方法上的相似之处。诺夫哥罗德内城中最高的塔楼——建于 14 世纪的库库耶夫塔

图 135　普斯科夫-佩切尔斯基修道院的要塞墙壁

（鲍·基·廖里赫　摄）

① 古代俄罗斯对拜占庭帝国国都君士坦丁堡城的称呼。（译注）

楼——即使经过了几次改建,也依然像拜占庭风格的要塞建筑(图136)。塔楼顶部后来逐步发展变化,仍然采用了木制堡垒的建造方法。属于要塞类型的塔楼有上面提到的诺夫哥罗德内城带钟的库库耶夫小礼拜堂,以及内城大主教宫的叶夫菲米塔楼。普斯科夫与诺夫哥罗德建筑的差别,与两座城市教堂建筑的差别完全一致:普斯科夫采用了石灰石来建造墙壁和塔楼。两座城市最初的样子都没有保存下来,即使是非常著名的“多夫蒙特塔楼”,也是沙皇尼古拉一世时连同地基一起重建的(图137)。

图136 诺夫哥罗德的克里姆林宫的库库耶夫塔楼,最早14世纪,最晚彼得大帝时期

(伊·费·博尔舍夫斯基 摄)

图137 普斯科夫的多夫蒙特塔楼,13世纪末奠基.塔楼建成则是在19世纪50年代

直到现在,诺夫哥罗德与普斯科夫的民用建筑对我们来说都完全是个谜,只留存典型的、保存最完好的两个:普斯科夫的波干金厅和诺夫哥罗德的中高级僧侣房。

只是最近,建筑学学者开始对普斯科夫旧时的私人建筑产生兴趣。学者事先进行勘察,比较容易找到的只有已故阿·阿·波塔波夫在其著作中提到的建筑。这些建筑都已经过勘察和测量；遗憾的是，虽然艺术科学院委托做了相关研究，有人也着手研究，但研究还未结束，也就没有最终结论。

保存最完好、气势最磅礴、内部最清晰、意义最重大、最珍贵的，是商人波干金的房子，这栋房子此前是军事部门的仓库，而现在用作博物馆和绘画学校（图 138—140）。

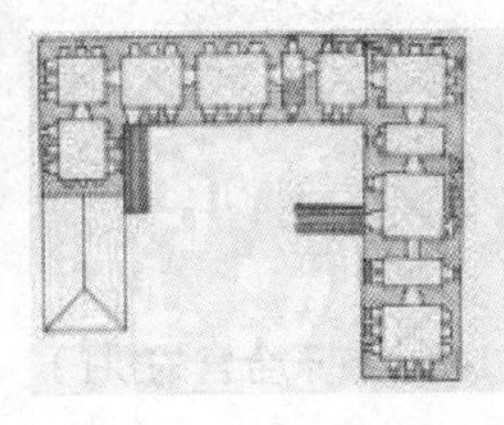
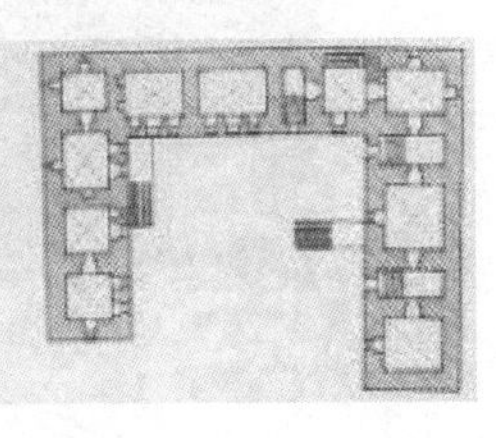

图 138　普斯科夫的波干金宫. 16—17 世纪
宫殿一瞥以及中间层和地下室的平面图

（弗・弗・佩列普廖奇科夫供图）

图 139　普斯科夫的波干金宫. 16—17 世纪

（巴尔利　摄）

这栋房子的建造时间已无据可查；首次提到这栋房子是在 1645 年。房子的结构为 Π 字形，高度每处不同：主楼是三层，旁边是两层，侧面房间是一层。

图 140　波干金宫的拱门

（米·伊·格拉西莫夫　摄）

房子由一排相互紧挨的农舍储藏室构成，储藏室由石板、厚度约为 3 俄尺的墙砌成，总体符合中世纪要塞建筑的特色。

房子墙壁笨重，如此就可以像教堂那样，在墙上建造不同的门廊和台阶。房子的下面是拱形的半地下室，半地下室顶部覆盖的是严密、没有交叉拱的复曲线式拱顶，砖砌得很漂亮，没有抹沙浆。地下室主要用于存放商品。二层上部有起重式拱顶，现在换成了石砌门廊，置换后的拱顶不尽如人意。穿过大门映入眼帘的是宽阔的室内，往左是门，向右还是通向院子的走廊和房间走廊，十分敞亮。房顶由位于窗子、门和箱式壁龛上方的拼合拱顶构成。我们推测，这层房间用于接待贵客，其中还有小商铺，因为墙上和拱顶还保存着摆放连接商品的吊环。小商铺与半地下室，通过墙壁的厚层连接；墙边是带陶制烟囱的梳妆间。地板的高度也不同，墙壁的厚层上有走廊和阶梯，墙上是复曲线阶梯式悬拱。高度只比成年人稍高，因此出入这个门时需要非常小心。

可能由于砌的拱门非常牢固，房内没有通透的开放式连接。

有些地方的地板还保存完好。这些地板由菱形或正方形木制地板铺设，直接铺在沙土面上，弓形拱同样也用沙土抹平。三层是主人的卧室，天花板不再是拱形，而是刚修好的平梁顶。

其中一间用于祈祷或进餐的宽敞大厅，顶棚的小梁位于沉重的木制纵梁上，纵梁的中间有石砌的、由交错的小圆柱组成的大圆柱支撑。大厅的顶板很高，是没有弯折的双面坡，现在上面除了用铁包住的低矮檐口，还覆盖板条。

可以断定，古时候的顶板是类似教堂屋顶顶部的那种薄板。

没有任何装饰的墙壁表面富于表现力，非常严整和谐，让人印象深刻。墙壁上唯一的装饰位于窗子正面，有些杂乱，但特别生动，这些装饰大小不一，上面还有旧时的方格图案。

可以想象，若在建筑周围开挖水沟，上方架桥通向教堂，那样必会更显庄重。

诺夫哥罗德大主教院中高级僧侣的房间，修建在此前木制大厅的遗址上，建于 1433 年，但不止一次遭到破坏，也经历过几次修复，是其中最早的石砌房间。几乎没有资料记载，这座建筑中最初存在，但现在已经没有的那几部分，如今保存下来的只是重建后的一小部分，但其细节也富有艺术价值：其中 17 世纪建造的窗子，细节处理得非常精致（图 141）。

图 141　诺夫哥罗德大主教宫高级僧侣房子的窗户. 17 世纪

（伊·费·博尔舍夫斯基　摄）

普斯科夫建筑中，其细节最具艺术表现力的当属苏朵茨基的住宅。房子布局为Γ字型，其中上面凸出的一部分朝街，而伸长的部分在院内(图142)。院内伸长部分有许多窗子，窗子上有大量各式各样的窗侧帖缘，在普斯科夫与诺夫哥罗德建筑中是最为丰富的(图142—143)。

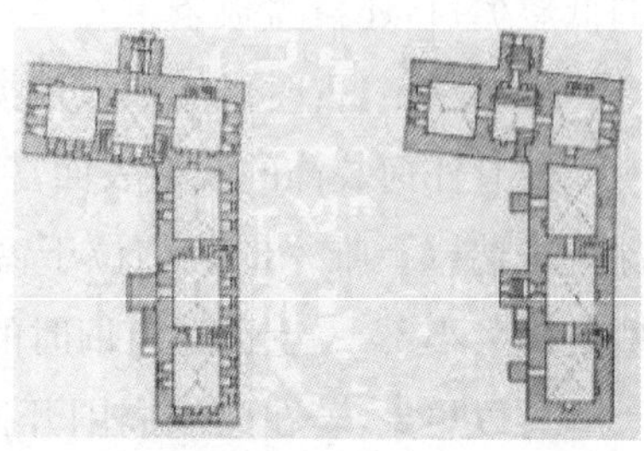

图142　普斯科夫的苏朵茨基住宅的窗子及其中间层、底层平面图. 17世纪

(巴尔利　摄)

图143　普斯科夫的苏朵茨基住宅的窗子. 17世纪

(鲍·基·廖里赫　摄)

窗间跨距有两种：一种是椭圆形的过梁，而另一种则带有独特的阶梯型悬架。两种窗子窗侧帖缘的建造方法相似，都是由一系列阶梯式的小圆柱凹槽构成，圆柱的顶端也很漂亮。但是圆柱柱脚和悬架底部都没有保存下来。

院子旧时的入口得以保存，入口处有两面圆柱支撑的开放型墙壁（图 144—145）。与帐幔相连的是地下室入口，地下室至今还在使用。但地下室位于住宅下方，是看不到的；不过，我们不能保证，它可以以现在的样式继续保存下去。也是在这个院内，重修的建筑内保留了雅致的入口窟洞，窟洞是门扇形式，通向旧时交叉拱顶的穿堂厅。

图 144　普斯科夫的苏朵茨基住宅的院内台阶. 17 世纪

（列・列・施赖特尔　摄）

图 145　普斯科夫的苏朵茨基住宅的门. 17 世纪

（阿・维・休谢夫　摄）

院内的特鲁宾住宅的大门，又是另一种类型。柱子没有那么沉重，两个小圆柱装饰，上面也用过梁代替拱弧。整体看去，大门显得非常隐秘（图 146—147）。

穿过大门，沿着拱门下方的楼梯拾级而上，就来到了上层。上层有几个房间，房间的布局以及拱顶的设计与波干金厅相似。无论是屋顶还是下面的房檐都没有留存下来，幸运的是，我们还能判断它最初的模样，至少也能判断大概 18 世纪初时它的样子。

我们曾多次提到那位极其崇拜普斯科夫古风的军事工程师戈多维科夫，他曾提出不错的想法：测绘普斯科夫建筑中所有有趣的建筑。多年以来，他一直努力坚持，绘制所有教堂建筑的精确图纸，无

图 146　普斯科夫的特鲁宾住宅的台阶

（阿·维·休谢夫　摄）

图 147　1855 年火灾前的特鲁宾住宅. 17 世纪

论是个人的建筑还是公共教堂,他都兴趣不减。他所画的后来的建筑更让人感到惊讶:他绘制了正面图、剖面图和平面图,力所能及地收集了有关建筑史的所有信息。我们复制了其中的几幅图纸,但也仅是偶然使用,因为我们特别希望这位敬爱的研究者的成果未来能够出版。众所周知,他所有的成果都收藏在波干金厅普斯科夫考古学会博物馆,这个地方最适合用来保存那些热爱普斯科夫历史的研究者所作的手稿和图画，特别是普斯科夫历史不被接受、甚至被蔑视的时代。希望这些成果将来能够以其应有的方式，由多次到过地方考古学会的彼得堡或莫斯科学会的学者出版，而对地方学会来讲，出版这些成果是力所不及的。这些成果不止对地方具有重要意义，对整个俄罗斯文化史都意义重大。

根据戈多维科夫所作的特鲁宾住宅正面图，这个厅堂靠近院子的正门非常漂亮（图 146—148）。正门很矮，这矮小的比例恰巧与普斯科夫的古代建筑观念相符。这样，它低矮拱门下的整体轮廓，就与所有墙壁窗户上的斑点相呼应。只不过大门的小柱与延伸较长的大门格格不入。

图 148　1855 年火灾前的特鲁宾住宅. 17 世纪

（选自普斯科夫考古学会博物馆中戈多维科夫的图纸）

17 世纪时，这里曾是富商亚姆斯基的住宅；18 世纪，转归著名的工商业者特鲁宾斯基，他将房子改建，想必是为了迎接彼得大帝——彼得大帝曾在此多次驻跸。那时可能已经有了房顶，还有窗框的花纹。房顶上还有画上出现的小阁楼，房顶在 1855 年被毁，戈多维科夫的图纸作于大火前一年，因此具有特别意义。

拉宾住宅的门廊有大量楼梯，让人印象深刻，我们仿佛回到它建造的年代（图 149—150）。虔诚的建筑师没有忘记在拱顶的上拱门上部建造盛放圣像的壁龛，来客均可看到。

走进房屋，映入眼帘的是寝室，上面是普斯科夫建筑普遍使用的

图 149　普斯科夫的拉宾住宅. 17 世纪
（巴尔利　摄）

图 150　普斯科夫的拉宾住宅. 17 世纪
（阿·维·休谢夫　摄）

封闭式拱顶。多中心的拱顶充分证明，这栋房子属于 17 世纪的建筑。

房子正面的窗子外部没有任何装饰，栅栏是普遍的样式，房顶是后来建造的。

朱可夫的住宅不久前完成改建，只保留了门廊，门廊外是两根敦厚的四分之三柱[①]（图152），根据戈多维科夫所作的正面图与平面图，房子曾是普斯科夫最独特的建筑之一（图151）。建筑有些歪斜的门廊下沉很深，就如整个房子下降1俄尺多深。门廊旁楼梯上方的小阁楼，甚至角落的阳台，美丽如画。它们可能均建于18世纪。

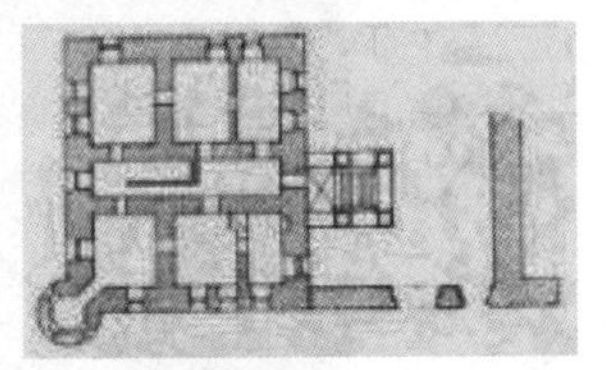

图151　普斯科夫的朱可夫住宅的正面图及平面图

（选自戈多维科夫的画）

讲到其他古时建筑，还应提及“执事住宅”。该建筑可能建于1515年，但只有墙壁存留，也应该提及被称为“口袋”的建筑，因为建筑中羁押囚犯。实际上，彼得大帝时期，这里曾是“卫戍司令部”。1839至1842年建筑大修，重修之后，古时的那种美感也随之消失。不久前，波干金厅旁一座很旧、很美的小房也遭损毁，如今完全是现代风格。著名的“陷阱”[②]也进行了改建，没有了往日的样式，也就没有什么魅力可言。

只剩一栋楼房还保留着古时的痕迹，即现在地方军团的团教导队住宅（图153）。此前，这里属于古代普斯科夫的波斯尼科夫家族，大约18世纪初期具备现在的样子。这一遗迹的特点，在瓦尔拉姆大街的切斯诺房子的正侧也能看到。

我们总结一下普斯科夫民用建筑的所有特点，可以说，它们具备

---

① 即柱子的四分之三露在墙壁外面。（译注）

② 此处也指房子。（译注）

图 152　普斯科夫的朱可夫住宅台阶的留存部分

（阿·维·休谢夫　摄）

图 153　波斯尼科夫家族住宅.现为普斯科夫地方军团的团教导队住宅. 18 世纪初

（伊·格拉巴里　摄）

普斯科夫人对房子的基本要求：一栋好房子需要地下一层。房子每层应是拱顶，拱顶上应该铺上遮盖下层的幔帐。窗子上应有铁栅，且须安装铁制护窗板。外面的门或是铁皮包的橡木门，或是铁门。楼梯建在墙上，以防火灾时被烧毁。最后一个条件是要加厚墙壁，这一特点与建筑的其他特点结合在一起，建筑便被称为真正的堡垒。

而对于纯粹装饰，普斯科夫人更喜欢平淡的墙面，而非华丽的花饰，即使有花纹，也只是在门廊和窗上。我们还看到，用于教堂建筑的所有方法，都能在民用建筑中找到痕迹。此前它们曾何处得到发展？因为缺乏相关资料，我们现在无法回答。无论教堂建筑还是民用建筑，都是建筑风格宝库中的一部分，不仅普斯科夫，甚至整个俄罗斯都为此感到骄傲。此前主要用于民用建筑的方法，在修道院那些不像教堂的某部分（圣器收藏室和钟楼入口）也常看到，于是出现一种观点：民用建筑形式对教堂建筑形式产生非常大的影响。若留意斯拉夫科夫（诺夫哥罗德的托尔戈维区）的德米特里·索伦斯基教堂圣器收藏室的墙壁，就会发现，影响确实很大（图154）。壁窗非常迷人，就像特鲁宾住宅大门的缩小复制。总之需要指出，诺夫哥罗德人仿效了真正的普斯科夫人的建筑方法，特别是在民用建筑方面。

图154　诺夫哥罗德的托尔戈维区的德米特里·索伦斯基教堂圣器收藏室的墙壁

（弗·尼·马克西莫夫　摄）

还有一例能够证明这种建筑对教堂建筑产生影响——这就是佩切尔斯基修道院圣器收藏室的门廊和钟楼入口。

说到这座修道院的美，我认为，对它的夸赞还远远不够。围墙和教堂的白墙平面，大气庄重，大门敦实的通道显得更加严整，门上的圣像五彩斑斓，旁边下面的通风窗孔，都给进入修道院的人留下深刻的印象(图 155)。

图 155　普斯科夫-佩切尔斯基修道院

(伊·费·博尔舍夫斯基　摄)

修道院虽是群体建筑，其中可见 15 至 18 世纪盛行的所有建筑流派的痕迹，但也能感受到普斯科夫创作中那种简单优雅的特征。

诺夫哥罗德与普斯科夫的建筑形式美丽，艺术完整，建筑师虽然文化水平不高，却是真正伟大的建筑师，他们将创造性与建筑的生命力结合，对后来俄罗斯建筑的发展产生独特的影响。

第十三章　弗拉基米尔-苏兹达尔公国时期(12至13世纪)建造的教堂

12世纪下半叶,在长臂尤里,特别是其子——著名的安德烈·博戈柳布斯基的强力统治和经营下,位于罗斯北部的苏兹达尔公国日渐强盛,成为罗斯的政治中心。当地教堂建筑盛况空前——一系列的教堂精美绝伦,成为建筑师审美能力高度发展的有力证据。从独特性和艺术性来看,弗拉基米尔-苏兹达尔州的教堂可视为世上独一无二的遗迹,无疑会引起所有艺术爱好者的惊叹。

我们在编年史中看到,1152年前夕,长臂尤里在弗拉基米尔一次建造五座教堂:“同年,苏兹达尔的长臂尤里大公参加切尔尼戈夫战争后,返回苏兹达尔的大公国。后来建造多座教堂:在涅尔利河畔建造鲍里斯和格列伯殉道者教堂,并为尤里耶夫市奠基;在市内建造了圣格奥尔基石砌教堂;在弗拉基米尔建造圣格奥尔基石砌教堂;在佩列斯拉夫尔建造救世主教堂;在苏兹达尔建造圣救世主石砌教堂。”

这也是弗拉基米尔-苏兹达尔公国的第一批教堂。它们是当地发展独立,有别于当时罗斯其他封地教堂的建筑风格的关键环节。

然而,时光侵蚀,仅有两座教堂保留下来——它们分别位于基捷克沙和佩列斯拉夫尔,其余的教堂或重建或损毁。仅有基捷克沙教堂被认为是尤里时代的建筑,而佩列斯拉夫尔教堂则是安德烈·博戈柳布斯基统治时期建成的。

鲍里斯和格列伯教堂建于苏兹达尔以东 12 俄里的基捷克沙村。这座教堂既没有保留其原始的屋面，也未保留原始的圆顶(图 156)。教堂的一些窗户被加宽，在教堂南墙大门的位置上，设置了新的窗户。

图 156　基捷克沙的鲍里斯和格列伯教堂. 1152 年建成

靠教堂西墙，建造了一些台阶。这些台阶样式丑陋，外部画满审美趣味低下的 19 世纪圣像画。与圣坛相邻接的教堂东部损坏尤为严重——上部被损，幸免于难的下部则通过后来建造的拱顶，与圣坛的突出部分连接起来。教堂中央被拱形花纹环绕，拱形花纹上部，置有弗拉基米尔-苏兹达尔边疆区典型的石砌缘饰及外凸镶边。教堂原有的圆鼓状屋顶，不知何时被换成狭长的“脖颈”形连接部分，但后者和苏兹达尔教堂的外观并不协调。从装饰物来看，该“脖颈”形连接部分的年代不会早于 17 世纪。

佩列斯拉夫尔-扎列斯基的救世主教堂,是被保留下来的最具“苏兹达尔”风格的教堂(图157—158)。在这座教堂中,并未体现后期弗拉基米尔教堂令人震惊的严整性——相较之下,前者简单、矮壮,更为古旧。但它对我们显得尤其重要,原因在于这座教堂实际上可作后来出现的教堂的原型,是此类教堂唯一幸免于难的遗迹。

图157　佩列斯拉夫尔-扎列斯基的救世主教堂.
教堂于1152年奠基,1157年建成
(伊·费·博尔舍夫斯基　摄)

尤里去世后,他的儿子——安德烈·博戈柳布斯基将弗拉基米

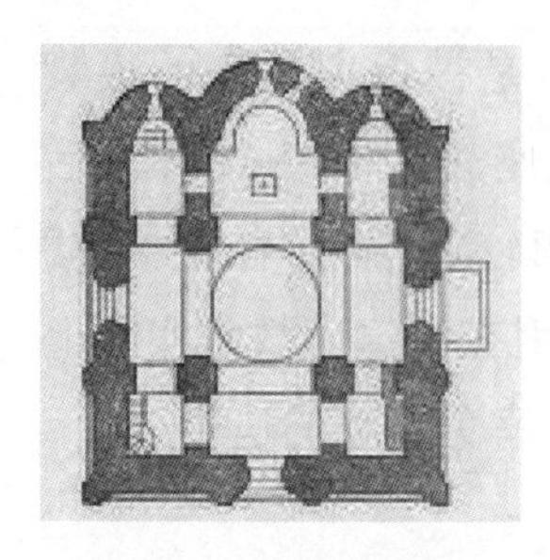

图 158　佩列斯拉夫尔-扎列斯基的救世主教堂的总体图及平面图

尔定为自己公国的首都，倾注所有力量，用各种适合这个伟大公国首都风格的建筑对其美化。1158 年，安德烈·博戈柳布斯基在城市最好的地段——克利亚济马河河畔的山丘上为圣母升天大教堂奠基。迄今为止，这座教堂仍是弗拉基米尔区的主要宗教圣地（图 159—162）。

这座教堂的初始形式并未保存下来。1183 年，安德烈·博戈柳布斯基大公辞世后，这座教堂遭到破坏。据编年史记载："在弗拉基米尔发生了大火，几乎烧掉整座城市，其中公国的宫殿及 36 座教堂被毁；曾经被安德烈大公装修的金顶圣母教堂上部也被烧毁；火灾中被烧毁的雕花及银质枝形吊灯、内外金银器皿，不计其数（劳伦编年史）。"

图 159　弗拉基米尔克利亚济马河河畔的圣母升天大教堂. 1185—1189 年

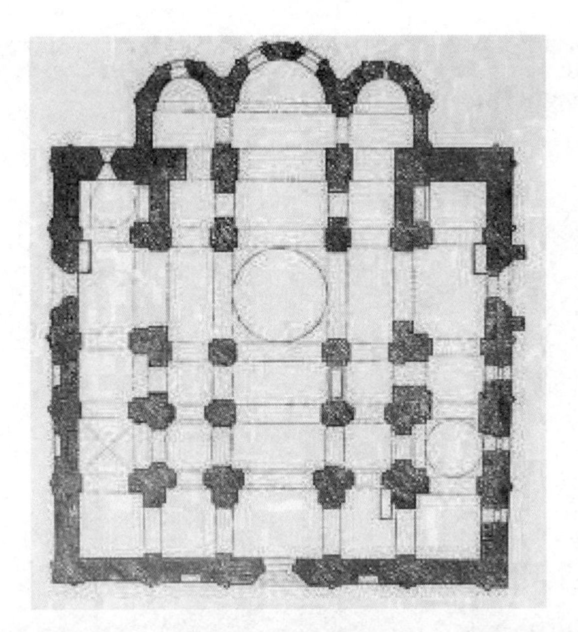

图 160　弗拉基米尔克利亚济马河河畔的圣母升天大教堂的东面及平面图

图 161　弗拉基米尔克利亚济马河河畔的圣母升天大教堂. 1185—1189 年

图 162　弗拉基米尔克利亚济马河河畔的圣母升天大教堂. 1185—1189 年

这件事发生在弗谢沃洛德统治公国期间；对大教堂遭受的火灾，他深感痛心，希望能修复教堂。因墙壁受损、椽木耦合部件被毁，修复教堂时不得不对其进行扩建，导致原来的教堂好像被套在外罩中。这座教堂是唯一在平面布局上与基辅的什一圣母升天大教堂相似的教堂。然而，弗谢沃洛德大公在修复自己公国的圣母升天大教堂时，未必没有采用什一教堂作为样本。另外，安德烈大公时期建造的教堂只有一个圆顶，而修复时又增加了四个圆顶。

为了纪念圣母，安德烈·博戈柳布斯基在流入克利亚济马河的涅尔利河口处建造了一座石砌教堂。这座保存异常完好的教堂是罗斯天才的伟大创作之一(图 163—165)。

在弗拉基米尔距离圣母升天大教堂不远处，建有另一座教堂。弗谢沃洛德三世为纪念圣徒德米特里·索伦斯基，建造了这座教堂(图 166—168)。这座教堂是鞑靼统治前所有苏兹达尔教堂中保存最

图 163　涅尔利的波克罗夫圣母教堂

完整、最华丽的教堂。教堂建于 13 世纪末,也就是这一系列教堂的典型风格得到显著发展的时期。德米特里耶夫教堂确实是苏兹达尔风格教堂的范本。在装饰方面,这座教堂比弗拉基米尔其他教堂的装饰要豪华得多:在这座教堂中,墙壁的上半部、所有的立柱、教堂正门、圆顶及立柱上的线条都采用石雕装饰。

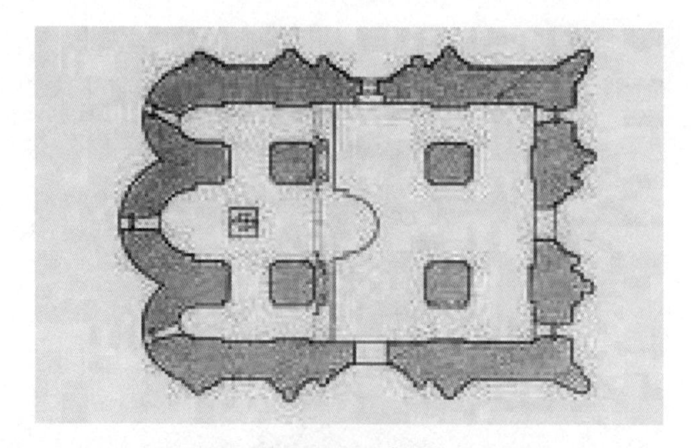

图 164　涅尔利的波克罗夫圣母教堂北面墙体及平面图. 1165—1166 年

图 165　涅尔利的波克罗夫圣母教堂北面墙体详图. 1165—1166 年

（伊・格拉巴里　摄）

图 166　弗拉基米尔的德米特里耶夫教堂墙的雕塑装饰. 1194—1197 年

(伊・费・博尔舍夫斯基　摄)

为纪念圣母安息节而在弗拉基米尔的大公夫人修道院内建造的圣母升天教堂，属 13 世纪早期的建筑物。苏兹达尔的教堂，由尤里・弗谢沃洛德维奇在 1222 至 1233 年间建造。

后来，为纪念圣乔治，斯维亚斯托斯拉夫・弗谢沃洛德维奇于 13 世纪 30 年代，在尤里耶夫-波利斯基建造了一座教堂(图 170—

图 167　弗拉基米尔的德米特里耶夫教堂. 1191—1197 年
（伊·格拉巴里　摄）

175、187、188)。在这一时期,模压装饰的美学效果也达到了最高水平,因此,尤里耶夫-波利斯基的格奥尔基大教堂墙壁布满白石雕刻的华丽花纹。

综上所述,以上即幸免于难的古迹。借助这些古迹,我们才有可能对弗拉基米尔-苏兹达尔州的艺术进行研究。

图 168　弗拉基米尔的德米特里耶夫教堂

弗拉基米尔-苏兹达尔教堂的建筑在很大程度上保持了其独特的风格。我们无法在其他任何地方找出任何一个可作为弗拉基米尔教堂样板的教堂、宫殿或是建筑。可以找到某些建筑的局部相似性，但不能找到整体上完全相同的建筑。毫无疑问，苏兹达尔教堂的风格代表了拜占庭和欧洲两种影响力的融合。在编年史中，我们可找到对安德烈·博戈柳布斯基在苏兹达尔州建造安息大教堂这一事件

图 169　弗拉基米尔涅尔利河河畔的波克罗夫圣母教堂，建于 1163 年左右

的描述："上帝从世界各地给他带来能工巧匠。"这恰好说明，苏兹达尔大公召集了世界各地的能工巧匠进行苏兹达尔的建造。这些工匠在安德烈大公统治期间一直留在苏兹达尔。关于这一点，在编年史中也可找到相关佐证。

在安德烈·博戈柳布斯基之后，即弗谢沃洛德大公统治期间，外国工匠仍被邀请到弗拉基米尔建造教堂。据编年史的记录：约翰主

图170　尤里耶夫-波利斯基的格奥尔基大教堂. 1230—1234年

(伊·费·博尔舍夫斯基　摄)

教在修复年岁久远而老损的苏兹达尔教堂时,并未找寻"德国人"工匠。需要指出的是:此处的"德国人"应被理解为外国人,即使现今,人们仍会用这个词来称呼任何来自欧洲的外国人,与当时毫无差别。

当时,在欧洲的建筑学中占统治地位的是所谓罗马式建筑风格。若对弗拉基米尔教堂的样式进行分析,不难发现教堂的许多部位的确具有罗马渊源。例如,大门(向外倾斜并设有立柱)为罗马风格;环绕教堂的腰线是罗马式的,同时腰线由立柱支撑,花纹装饰支架上的

图 171　尤里耶夫-波利斯基的格奥尔基大教堂的北门. 1230—1234 年
（伊·费·博尔舍夫斯基　摄）

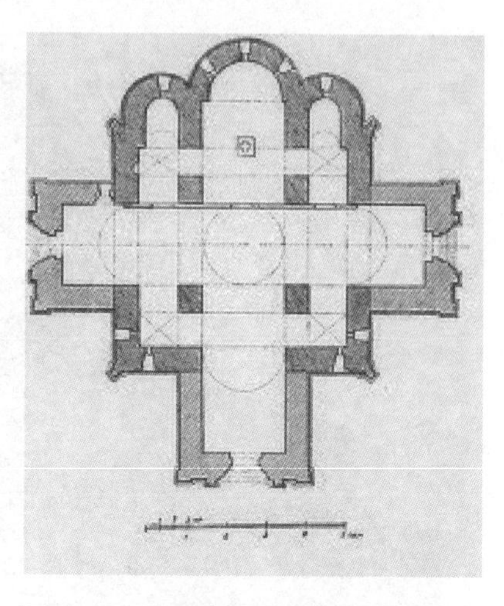

图 172　尤里耶夫-波利斯基的格奥尔基大教堂的平面图

图 173　尤里耶夫-波利斯基的格奥尔基大教堂的墙壁装饰. 1230—1234 年
（伊·费·博尔舍夫斯基　摄）

图 174　尤里耶夫-波利斯基的格奥尔基大教堂的北墙. 1230—1234 年
（伊·费·博尔舍夫斯基　摄）

图 175　尤里耶夫-波利斯基的格奥尔基大教堂的南墙. 1230—1234 年

(伊・费・博尔舍夫斯基　摄)

半圆形拱弧构成;装饰墙垛的立柱及其柱头也是罗马式;窗户、圆顶上的装饰都是罗马式;甚至是外墙的装饰都能看到伦巴第及法国建筑风格的影子。

然而,国外的建筑师仅能将罗马式艺术情调赋予那些在罗斯已成典范的教堂建筑形式。这些教堂并未改变拜占庭影响下于 11 世纪形成的教堂类型区分的基本特性。这些基本特性有:

1) 教堂的平面图接近四方形;墙壁为石砌墙壁;建有四根立柱,用于支撑圆顶并将整个平面切割成十字形。

2) 祭坛由三个半圆形的凸出部构成,其中位于中间位置的凸出部分较两边位置的要大。

3) 教堂的顶部由四根立柱支撑,其中顶部由圆形筒部和较平的圆顶构成。

4) 教堂被叶片状隔断线从其基底至屋顶分成三部分,其中墙体在屋顶位置被三个半圆形构造连接起来。而与叶片状隔断线相邻接的是半裸露立柱。立柱上设置有起装饰作用的柱头。

5) 屋面为拱形,沿着弧形弯折。

6）无任何用于放置或悬挂铜钟的建筑。

以上即区分苏兹达尔教堂的主要特征，同时，这些特征也使它们更接近基辅的教堂风格。

涉及苏兹达尔的非宗教用途性建筑，我们几乎没有任何概念：因为唯一保存至今、且与上述教堂处于同一时代的建筑——安德烈·博戈柳布斯基大公宫殿几乎就是当时的典型建筑形式，代表了当时广为人知的特例。其实，不能将该建筑物定义为纯粹的宫殿。文学作品中曾做过推测：该宫殿实为一座古老的塔楼，仅通过一条石砌过道与圣母圣诞教堂连接。这种推测是完全有可能的。宫殿本身为木结构，但这样一个塔楼与宫殿格格不入。

无论如何，博戈柳博沃安德烈·博戈柳布斯基大公宫殿的四角塔楼无疑是12世纪的遗迹。遗憾的是，在塔楼上附建了一个钟楼，完全“亵渎”了这座不知因何种神奇的力量而被保留至今的远古遗迹。值得庆幸的是，古老的墙壁及其装饰仍清楚证明了该建筑与苏兹达尔教堂的深厚渊源（图176—177）。在墙壁中部，我们可看到熟

图176　弗拉基米尔附近博戈柳博沃安德烈·博戈柳布斯基大公宫殿的一部分．12世纪

（伊·格拉巴里　摄）

图 177　博戈柳博沃安德烈·博戈柳布斯基大公宫殿的一部分

悉的拱形腰线及设置在其上方的石砌流线型凹槽。这些古老的墙壁为这座寥无人烟的建筑营造出万籁俱寂的氛围,让人对墙外的热闹和喧嚣心无向往。

第十四章 莫斯科的起源

14 世纪下半叶，有“钱袋”之称的伊凡一世·达尼洛维奇大公统治期间，莫斯科开始崛起。“钱袋”在位期间，在莫斯科建造了一些石砌教堂。而 14 世纪的莫斯科总体上几乎是一座纯木结构建筑的城市。石砌建筑极其罕见，以至编年史的编撰者将其与国家大事并立。“钱袋”大公下令建造圣母升天大教堂、天使长教堂及主易圣容大教堂。其中，前两座教堂于伊凡三世统治期间被拆除，而主易圣容大教堂则有幸被保留至今。和弗拉基米尔教堂一样，这座教堂系用白石建成。古老的砌体至今仍维持有近一人身高的高度，而其他砖砌的部分则为后来改建而成。教堂原有部分被后来附建所包围，我们无法想象教堂的原始样貌。从教堂的平面图上，我们很容易区分经受时间洗礼而留存的部分：四边形墙框、三个拱形突出部及内部的四根立柱。这座教堂为方形单顶教堂（图 180）。

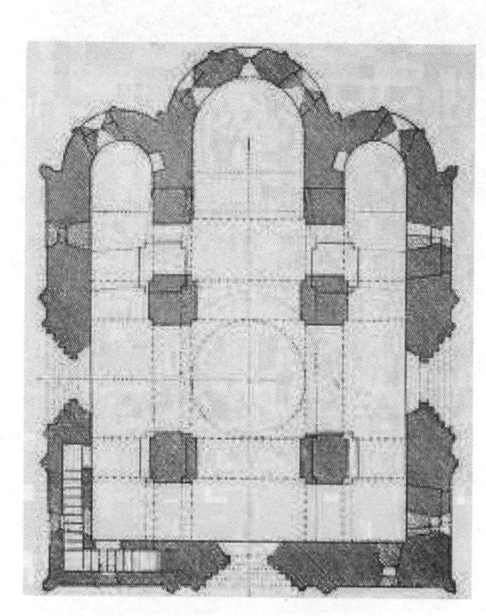

图 178 兹韦尼哥罗德的圣母升天大教堂平面图

很明显，“钱袋”大公时

期的教堂，均系效仿弗拉基米尔的教堂建造。莫斯科周边地区具有适合建造石砌建筑的材料，但缺乏有经验的建筑师和石匠。莫斯科所匮乏的建筑师和石匠，主要来自当时以能工巧匠著称的弗拉基米尔和普斯科夫。关于这一点，我们完全可以在主易圣容大教堂中找到相关证据：这座教堂完全仿照弗拉基米尔教堂建造——教堂正门的形状和教堂的平面布局，主要见于弗拉基米尔-苏兹达尔地区的教堂；主易圣容教堂带尖状凸起部分的拱门，我们此前在弗拉基米尔的大公夫人教堂中已有所见。和弗拉基米尔教堂在平面布局和总体外观上相似度更高的是兹韦尼哥罗德的圣母升天大教堂（图 178、179），但在细节上也已有明显差别。这座教堂的建造年限不详，修道院本身于十四世纪末建造，这一点是很明确的。故也可将本教堂的建造归入这一时期。

图 179　莫斯科克里姆林宫内部的主易圣容教堂

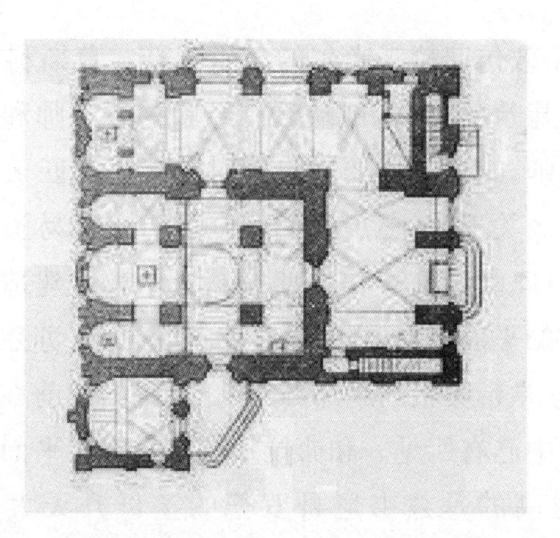

图 180　莫斯科克里姆林宫内部的主易圣容教堂平面图

图 181　莫斯科的圣母升天大教堂. 1475—1479 年

“钱袋”伊凡一世统治时期，是金帐汗国统治的最后阶段。鞑靼人的统治对大型建筑的影响微乎其微，故从叶基盖依统治时期

(15世纪初)至伊凡三世统治时期(15世纪末),在莫斯科几乎没有建造任何著名的建筑。石砌建筑技术衰落,莫斯科的工匠不再会营造,不再会调制石灰、铸砖、牢固夯填地基并建造拱顶。在此期间,他们曾试图建造,但以失败告终——教堂无法逃脱垮塌的命运。

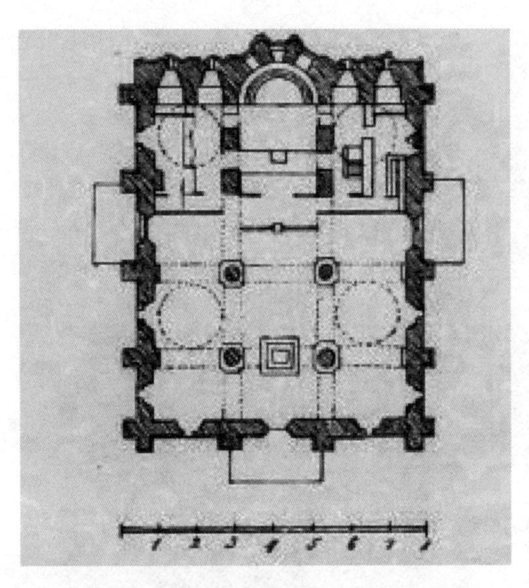

图182　教堂修复前的原状及其平面图

金帐汗国统治时期,古罗斯的石砌建筑术究竟荒废到何种程度,圣母升天大教堂的历史可以给我们一个答复。始建于“钱袋”时期,完成于15世纪末的圣母升天大教堂,对莫斯科这样的城市来说过于拥挤;此外,教堂破旧不堪,随时有坍塌的危险。因此,伊凡三世于1472年委任两名莫斯科工匠——克里夫佐夫和梅什金——拆除旧教堂并以弗拉基米尔的圣母升天大教堂为样板,在旧址建造一座新教堂。不幸的是,莫斯科的工匠缺乏经验:他们在建造墙体时往内部填充了掺有石灰的碎石,由于石灰中加入的沙子过多,导致黏度不够,教堂的墙体未达到所需强度。编年史编撰者写道:“事情以失败告终——1494年,已建至拱顶部分的教堂坍塌了。”大公随即派人前往普斯科夫邀请当地的建筑师,但这些建筑师也未着手进行未完建筑的续建。后来,伊凡三世邀请国外的建筑师，博洛尼亚的建筑师菲奥拉万蒂、阿列维兹、彭弗朗克、马尔科及米兰人皮埃罗·安东尼奥·索拉里应伊凡三世之邀来到莫斯科。其中最著名的是鲁道夫·菲奥拉万蒂——天才的数学家、工程师和建筑师，被同胞称为“亚里士多德”。

图 183 莫斯科圣母升天大教堂的东北角(修复后)

几乎所有的研究者(如扎别林、波克罗夫斯基等)都认为，需要认识这样一个事实：意大利建筑师在莫斯科的活动并非自由自主的，他们需要遵照罗斯建筑遗迹反映的传统。对于这一点，我们可以援引以下事实予以证明：根据伊凡三世的意愿，菲奥拉万蒂在着手建造莫斯科圣母升天大教堂(图 181—183)前，前往弗拉基米尔参观当地教堂。而其他的建筑师也有同样的经历。从这一点，我们可以得出这样的结论：莫斯科人明显更倾向于他们原有的拜占庭式建筑形式，并不允许意大利人对其做出更改，而是建议他们效仿弗拉基米尔的教堂和其他俄罗斯的遗迹。有一点需要指出，在当时的莫斯科，存在与拜占庭建筑形式无任何共同点的木制教堂，因此在莫斯科，未必能严格遵循关于教堂类型的某一特定概念。菲奥拉万蒂的弗拉基米尔之行是理所当然的，应邀至俄罗斯建造教堂的外国建筑师，当然应了解罗斯石砌教堂的建造形式并进行效仿。至于恰是圣母升天大教堂被指定为样板，丝毫不足为奇——对于整个罗斯北方来说，它仍旧是美和奇的化身。伊凡三世不只是建议菲奥拉万蒂选取弗拉基米尔教堂作为典范，他对国内的克里夫佐夫和梅什金也提出了同样的建议。

图 184　莫斯科的报喜大教堂. 1484 年

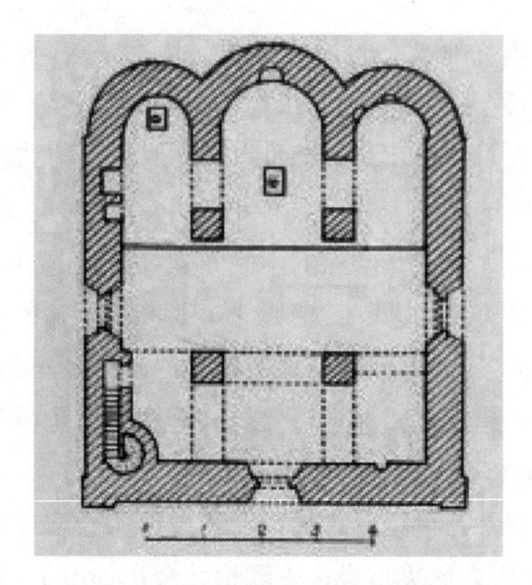

图 185　报喜大教堂东面视图及教堂古代遗留部分平面图

若对比莫斯科和弗拉基米尔的圣母升天大教堂，则不难发现，二者的共同点并不多。当然，相似之处是存在的，但并非决定性的。在古罗斯整个教堂建筑群、在设计出方形穹顶的宗教性建筑艺术领域，这些典型的相似点被冲淡，显得无足轻重。莫斯科的圣母升天大教堂具有六根立柱，其中有四根圆形立柱。而这对莫斯科来说，是一种创新，以至《索菲娅编年史》的编撰者欣喜若狂，称教堂的顶部好似支撑在四棵树上。弗拉基米尔的圣母升天大教堂有三个半圆形拱门，而莫斯科的圣母升天大教堂有五个。弗拉基米尔建筑的影响仅反映在莫斯科教堂的正面：在莫斯科圣母升天大教堂，我们可见饰有假拱的圆柱上的腰线，同样的大门和高度有限的墙顶。天使长大教堂的平面图与圣母升天大教堂的平面图非常相似，只是前者墙壁的外部装饰明显反映了意大利建筑风格的影响(图 186—187)。

然而，克里姆林宫的圣母升天大教堂、天使长大教堂及 15 世纪 80 年代普斯科夫工匠建造的报喜大教堂，属罗斯仅存的保留了拜占庭传统的建筑遗迹(图 184—185)。意大利人的贡献在于：他们将更加完善的建筑技术传授俄罗斯人——他们教会了俄罗斯人烧砖、调

图 186　莫斯科的天使长大教堂

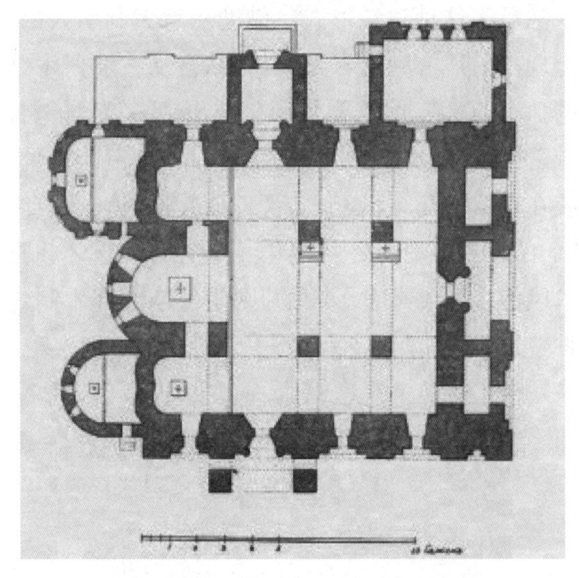

图 187　教堂的正面及平面图. 1509 年

制黏度更高的石灰，向墙壁内砌砖，而非填充卵石，通过使用铁质连接部件取代木制连接部件的方法，对墙壁和拱门进行加固等。在掌握技术之后，莫斯科工匠才能有机会施展自己的艺术才能。16 世纪下半叶至 17 世纪末，为俄罗斯建筑史的“黄金时代”，而莫斯科也成为俄罗斯艺术的中心。意大利建筑师应伊凡三世的邀请来到莫斯科，只起到推动作用。正是借助这一事件，对拜占庭艺术传统的对抗得以实现，而俄罗斯建筑艺术也找到了自我，实现了独立。在罗斯出现了根据木制教堂建造的石砌圆锥形穹顶教堂。然而，莫斯科的建筑艺术并未驻足于这种建筑形式。借助从意大利引入的技术知识，利用手头上现有的拜占庭艺术元素，并结合从古罗斯木结构建筑艺术中汲取的独有的建筑形式，莫斯科创造出独一无二的、神奇的建筑艺术。它带着 17 世纪莫斯科建筑艺术这一“头衔”，为世人所瞩目。拜占庭传统在存续了几个世纪之后，日渐衰落、消退，最终被艺术家改造，在他们的思想熔炉中浴火重生，孵化出新的艺术风格。而对这种新的艺术风格之形成具有影响的，则是罗斯北部木制建筑艺术中形成的各种建筑形式。

图 188　尤里耶夫-波利斯基的格奥尔基大教堂的墙壁上的石刻面具

（格·帕夫卢茨基教授　摄）

第十五章　俄罗斯北部的木制建筑艺术

除石砌教堂外，木制教堂很早就在罗斯得到不断发展。从时间维度来看，后者甚至早于前者。因森林资源丰饶，木制教堂在当时极其流行，在结构形式上形成完整的系列，以至木制教堂很快开始对石砌建筑的发展产生影响。倘若在诺夫哥罗德，它们的影响还不是那么显著，那么在稍后的莫斯科崛起的时代，这种影响已经成为一种决定性的因素：因为莫斯科建筑史在很大程度上就是将木制建筑形式嫁接到石砌建筑上的历史。若对俄罗斯北部的木制教堂没有初步了解，则无法对这一历史时期进行描述。

罗斯在受洗前很久，就建造木制教堂。在伊戈尔和希腊人签订的合同中，提到圣伊利亚先知教堂。正是在这座教堂中，俄罗斯的基督徒发誓遵守合同条款。945 年，对这一事件进行记载的编年史称这座教堂为大教堂，且这座教堂并非当时唯一的教堂。885 年，同一编年史中，有关奥列格杀死阿斯科尔德和基尔的叙述中还涉及两座教堂：圣尼古拉神龛和圣奥琳娜教堂。这两座教堂均为木制教堂，这一点从称这座教堂系“伐木而建”，并指出教堂后来被烧毁的编年史上明显可见。而诺夫哥罗德，在罗斯受洗前就建有教堂。《雅基莫夫编年史》选段载有主易圣容教堂的相关信息。

根据编年史的记载，弗拉基米尔大公在罗斯受洗后，就开始在各城建造教堂、设置神甫。他把自己的儿子派到国家的不同地方，要求他们关注教堂的建造并随派神职人员。毫无疑问，这些教堂都是用树木建成，而第一批石砌教堂的面世，则被视为重大事件载入史册。

图 189 加西利亚斯科尔斯克山马尔诺夫村的木制教堂. 1676 年

总之,在这个基本是森林的国度,木制建筑术已相当发达。使用树木建造教堂对当时的木匠来说,几乎没什么难度。

遗憾的是,仅凭遗留的贫乏资料,我们无法对这些教堂的建筑风格进行描述。若无奇迹发生——譬如某些意外发现:如带有木制教堂图案的手稿、壁画、圣像画——那么,这个问题注定永远无法得到解答。目前,甚至无相关资料以供我们做出猜测性的推断。我们手头拥有的唯一资料,则是关于诺夫哥罗德的索菲亚木制教堂。这座教堂在 1045 年被焚,而后被石砌教堂取代。教堂于 989 年由诺夫哥罗德的约翰主教建造。约翰主教由弗拉基米尔大公从科尔逊邀请,并被其派到诺夫哥罗德施洗。索菲亚木制教堂完全使用橡树建成,具有十三个屋顶。显而易见,这座教堂是一座非常复杂的建筑,需要高超的技艺、渊博的学识和丰富的经验,而恰巧诺夫哥罗德自远古时代就以技术超群的木匠著称。早在 1016 年,当诺夫哥罗德人跟随雅罗斯拉夫尔大公到达基辅的斯维亚托波尔克时,基辅人戏称他们为“木匠”也不无原因。由此我们可以得出结论:在罗斯北方,随着石砌教堂的出现,仅在那些无法修建石砌教堂的地方建造木制教堂;而木工在罗斯南方并不很受欢迎，这与已开发完善的木制建筑艺术形式的北方情形不同。这些形式在数世纪的发展过程中，不断对整个罗斯艺术施以影响，是俄罗斯艺术的不竭源泉，是建筑师从中汲取凝结在时间中的罗斯艺术的新的力量；然而，它们的意义并未得到足够重视。

很久以前，古人不仅发明加工木料的手段，还创造了相关术语。在北方，这些术语被保留下来，流传至今。“圆木垛”“圆木屋架”“乡村木屋”等暗示木构建筑的形式及其建造方法。古罗斯术语“邸宅，高宅大院（Хоромы）”指豪华的住宅群落，相应也反映了“教堂”的外观，即邸宅、木房、高宅大院，但非普通世人的住宅，而是“神殿”。如此，“храм（教堂）”一词，无论是木结构，还是砖石结构，都隐含着“豪宅”这一涵义。

随着基督教的传播，对建造教堂的需求也日渐增长。拜占庭的教堂建筑术、由教会规定的教堂平面图及教堂正面的基本形状，被视为传统的、不可侵犯的圭臬，数个世纪未曾变动。仅在石砌教堂出现前建造的最早木制教堂中有所不同，原因是当时还不存当地木匠需要仿效的样板。他们不得不开发新的建筑形式，一方面借鉴木屋建造的传统，另一方面发挥自己天马行空的想象。当首座石砌教堂诞生后，工匠便获得了样板，自此以后，木制教堂的建造便可借鉴、吸收石砌教堂的某些特点。

自然也就根本谈不上将石砌教堂的形式复现在木制教堂中的精确性。首先，材料本身的属性及数个世纪形成的、劳动人民所掌握的木制教堂建筑方法，会降低这种复现的精度。当时，罗斯的荒凉与偏僻、住户的分散，并不允许严格按照拜占庭形式进行教堂的建造。在民间，民众对“神殿”之美有其独特的见解。这一切，不可抗拒地推动着木制教堂建筑艺术朝着完全不同的方向发展，并逐步引导其走向独立，摆脱曾几何时从拜占庭借鉴的那些特征。

在这场民间审美与外来因素的较量中，教权仅捍卫了拜占庭建筑术初始布局的概貌。用于祷告的中央大厅、祭坛及门廊被保留下来。然而,随着时间的流逝,这些部分也发生了明显的变化,吸收了民间的、纯日常生活的元素。原来建造门廊的位置建有宽敞的教堂餐厅,而门廊则成为住宅不可或缺的附属建筑,即成为具有住宅功用和自身结构的住所。最终,教堂也同那些邸宅一样,在加建所谓的“底层”后,整体抬升一层。除底层外,还在教堂中建造了类似邸宅中供观赏的带平台的房前台阶,即所谓的“带顶棚的台阶入口平台”。教堂结构的各个单元被设计为与普通住宅无异的矩形圆木架,并带顶棚;并且顶棚也和普通住宅的顶棚相似,可为系梁式、横梁式、直梁式和交叉式。圆木屋架和底层的高度不同,需要为它们分别建造屋面。

民间认为,作为“神殿”的教堂应当装饰奢华。正如邸宅的美主要通过其顶部的装饰物体现,建筑师在教堂顶部的建造上尽情发挥其装饰本能——很明显,在用圆木搭建成的单调且平直的正面,这种本能找不到用武之地。在修建屋架墙壁时,建筑者力求简单、朴素,而在装置教堂屋面时则极尽奢华,追求独出心裁。虽然与邸宅有一定的相似之处,但教堂的顶部和十字架还是展示了其独特之处。在罗斯受洗前建造的木制建筑中,并无可用于教堂顶部的现成形式,故不得不从石砌教堂中借鉴;然而,木制教堂的顶棚及屋面结构已注定其顶部只能是起装饰作用的附属。虽然保留了教堂所特有的、与石砌教堂圆顶相对应的圆形部分及圆顶下方的筒部,但木制教堂从未达到石砌教堂顶部的尺寸,即使是为了增加尺寸而将圆顶建成扁圆形,换言之,原有的圆顶变成洋葱状圆顶,即所谓的“洋葱头”。而石砌教堂所特有的其他形式,如半圆形墙顶,则在木制建筑中找到用武之地。半圆形墙顶维持其圆形的形态,并发挥直接功能,即充当木制建筑的屋面。这种形式被冠以“葱头形屋顶”的称谓。原因在于:它确实与在整个长度上被切掉一部分的圆桶相似。圆桶被切掉的部分朝向屋架,而其上部的圆形部分则逐渐变尖。在圆桶的底部同样也设有一个尖头,底部本身则作为半拱形山墙,被称作“盾形装饰”。祭坛及门廊一般被“洋葱式圆顶”遮盖;有时,“洋葱式圆顶”可作为教堂圆顶的支撑。用来放置圣像画的入口台阶主平台，也常被“洋葱式圆顶”遮盖。至于这种“葱头”形式或“盾形装饰”部分的宗教意义，从木制或金属制折叠神像的上端、神龛、祭坛宝盖的上部可非常直观地观察到。教堂的顶部、连接部及“洋葱式圆顶”上布满鳞片状薄木片。起初，工匠们试图将鳞片状薄木片仿制成覆盖在早期石砌教堂上的瓦片；后来，这种铺盖屋顶的方法具有了其自身的意义，并最终完全与石砌教堂脱离。鳞片状薄木片通常为使用山杨木经刨削加工制成的薄板，且薄板的外端被加工成十字形。看一看当地、北德维纳河、奥涅加及梅津河的木制教堂，我们就能理解，当时的工匠为何对这种鳞片状屋面情有独钟了：这种屋面，近看、远看，都会让人觉得它是银质的或是镀银的。当北方教堂的这些秀丽的、用鳞片装饰的圆顶，冷不丁地出现在从树林里走出来的人面前时，人们甚至会打赌屋顶是否是木制的。

设置了副祭坛、祭坛宝盖及门廊台阶后，木制教堂的宽度增加，但作为“神殿”、作为“上帝的邸宅”，还需要在高度上将“凡夫俗子”的住宅远远地抛在后面。当时，曾有教堂一度达到 35 俄丈，而 20 俄丈的高度在当时已司空见惯。为最大程度对教堂的顶部进行装饰，工匠采用当时很流行的多圆顶结构。有时，教堂圆顶的数目达 22 个之多。

木制建筑术仅在森林国度发源，并在那里得以发展。然而，俄罗斯从古至今就是这样一个国度，这里的居民从小就与木工活打交道。编年史上的相关信息，很早就记录了北诺夫哥罗德在木制建筑的发展中所扮演的重要角色。17 世纪的莫斯科文书，也对罗斯北方木工艺术发展的辉煌成就进行了叙述，并称生活在瓦加河沿岸的木匠是最优秀的工匠，他们经常会加入皇家工匠团队。

我们若对乌克兰及喀尔巴阡山脉附近地区的宗教建筑稍作了解，则罗斯北方在创建独特的古宗教建筑形式中所起的作用就会变得清晰、明朗。这些宗教建筑中最有意义、最独具一格的，要数建于喀尔巴阡山最荒无人烟地区的教堂了。这些教堂新奇别致、独具一格的形式，并未受到充斥着文明程度更高的、东西部毗邻地区的那些元素的影响。它们的独特性表现在一般由住宅所具备的纯日常形式的自由性和灵活性上。正是因为这样一种非强制性和灵活性，这些形式被视为与外来艺术介入格格不入的教堂建筑中通用的装饰方案。而在那些远离城市喧嚣、被人遗忘的荒野村郊，诞生了一些真正的民间创作，如建于马尔诺夫的加西利亚斯科尔斯克山的教堂（图189）。挪威教堂的独特性及厚重的民族韵味，同样也可归因于其远离总能磨灭独特性的文化中心。虽然这些教堂在总体轮廓及外形上与罗马石砌教堂具有相似之处，但相比加西利亚和罗斯近喀尔巴阡山地区的教堂，它们的创意则是可圈可点。加西利亚和近喀尔巴阡山地区的教堂，似乎更接近挪威教堂，而非罗斯北方教堂。然而，这仅是一种假象。从结构来看，这些教堂无疑更接近罗斯北方的教堂：因为这两个地方建造教堂的圆木为水平放置，而在挪威、丹麦、英国及法国的教堂中，圆木系竖立放置。而单从教堂规模的宏大性和立意的高远性来看，这些教堂与北德维纳河及梅津地区的巨型教堂又有几分相似。博尔贡，特别是海特达尔的著名教堂就可被归入此类（图 190）。

图 190　挪威海特达尔的木制教堂. 14 世纪

图 191　托杰马县科克申加的小教堂

（伊·雅·比利宾　摄）

第十六章　罗斯北方的木制教堂建筑的特点

值得庆幸的是，在罗斯北方保留了众多古老的木制教堂，为我们再现几个世纪以来木制教堂建筑术中使用的方法提供了条件。虽然其中年代最为久远的教堂的建造时间也不早于17世纪初，仅有一座教堂以其初始形态完好无损，保留至今。木制建筑古迹以其形式令人叹为观止的完美、明快，以及结构的简单合理见长。为了开发这些建筑形式，民间创作需要走过数个世纪的历程。保留古代形式的最后一批教堂于18世纪建造，从此木匠建筑师逐步让位于城市建筑师，民间也不再按照其自身的审美建造教堂，而是仿效城市教堂建筑。

对于16至17世纪建造的教堂，我们多少可进行一些研究。而这个时期建造的教堂可被分成不同的、特色鲜明的类型，虽然它们的总体结构一致。当将教堂与同时出现的乡村木屋做比较时，我们便能轻易看出两者在建筑方法上的相似性。在细节上，特别在装饰上不仅是相似，可以说是完全一致。对传统的绝对忠诚，对数个世纪创造出来的自己的表达形式的偏爱，是民间创作的主要特点之一。所有民间创作领域中出现的创新，在遵循基于人民日常生活的古老形式的同时，很快被付诸实践。民间创作风格的特色就是被付诸实践的创新，它们主要起着纯装饰性的作用。考虑到民间艺术前进步伐的缓慢，木制建筑的古老传统，认为早在16世纪前就产生了那些保留至今的教堂“先驱”，这一推测未必错误。

图 192　沃洛格达省索利维切戈茨克县别洛斯鲁达附近的小教堂

（伊·雅·比利宾　摄）

这些“先驱”在结构和艺术形式上，与保存至今的教堂相似。毫无疑问，那些更为古老的“先驱们”，对 16 世纪的石砌建筑的产生起到了重要作用。其中最鲜明的代表，位于科罗缅斯克村的耶稣升天教堂，及莫斯科的瓦西里升天大教堂。我们认为，这些教堂并未反过来对木制建筑产生影响，因为存在相关资料非常确凿、完整地说明，在瓦西里升天大教堂及科罗缅斯克的耶稣升天大教堂建成前很久，就出现了带锥形尖顶的教堂。

对木制建筑的结构特点进行研究时，我们不得不惊叹其非凡的简单与合理。

罗斯北方所有的居住、非居住用木制建筑，均使用未干透的木材（主要为针叶林木材）建造。根据以往的经验，将这种树的圆木水平放置，可搭建出圆木排；圆木干燥后相互挤压，不会产生缝隙，而当圆木竖立放置时不能达到这种效果。圆木排本身的连接，通过其两端凿出的与圆木相对应的凹槽实现。相应地，圆木的末端不可避免地要伸出一部分。这种连接方式被称为“圆榫接”，是一种极其原始的连接方式，使用斧头这种简单的工具即可完成。另一种连接方式为“齿接”或“齿板接”，古时称作“榫卯连接”。在这种情况下，圆木没有伸出的部分；但需对其两端进行加工，使圆木排的末端像牙齿一样相互咬合。这种连接方式更经济，但同时工艺上较复杂——需要十分注意齿榫的啮合。通常只有在万不得已或是为显示奢华的情况下，才使用这种连接方式。外部圆木仍旧保留圆形，无需削平，而内墙则需要被削平，墙角处也通常需要整圆。

使用不同方法搭接在一起的木排，被称作“圆木垛”或“圆木屋架”。当房间的门框、窗框及窗户完全安装好，并建造好顶棚和地板后，这样的房间即可被称作“乡村木屋”。严酷的气候条件，要求必须在第二层，即“上层”设置一些房间，“上房”一词因此得名；而下层则被称为“底层”。

同样的气候属性，要求屋面在屋脊梁木上部连接的拐角处有个较大抬升，约为 110 至 130 度。北方木屋上常用的双坡面屋顶，属于第一种连接方式，尖锥形屋顶属于第二种，而所谓“楔形双坡面屋顶”则是中庸之道：其屋面的抬升角度为 40 至 45 度。这种楔形屋顶主要用于教堂。

整个屋顶使用树木建造而成，具有双坡面屋顶的建筑物，使用薄木板覆盖，而锥形尖顶和拱弧，则使用鳞片状薄木片装饰。乡村木屋北向屋面的结构特点，在于其具有不同寻常的强度。圆木屋架上，先要安装斜梁或支撑圆木，而斜梁或支撑圆木本身，被水平设置的脊檩或凿出水槽的圆木牢固连接。其上部连接则依靠安装在屋脊下方的木杆，即所谓的屋脊梁木实现；在其下部，支撑圆木被卡入圆木屋架上部圆木排的圆木中。屋面板卡在圆木下端的凹槽中，该凹槽又被当成屋檐，用于排水。它支撑在支撑圆木下端加工的母鸡形状的弯钩上，而其上端则被粗重的屋脊圆木紧紧压住。带水槽的圆木则牢牢固定在支撑圆木的木节上。

图 193　科斯特罗马省普列谢的彼得堡罗教堂. 1748 年(1904 年被焚毁)

此类屋面可轻松抵御凛冽北风的侵袭。值得一提的是,这种屋面的各个组成部分均通过凿槽连接,仅在不可避免的情况下,才使用木钩钉;至于铁钉,甚至在不久之前都无人提及。然而,最令人惊诧的是,在建造木屋所使用的木工工具中,找不到锯子的踪迹。众所周知,锯子对现代木工来说是不可或缺的工具。在北方一些老居民的记忆中,罗斯北方直到约 40 至 50 年前才首次出现锯子这一工具。然而古代建筑术中,锯子的缺席绝非偶然。圆木排伸出的末端不是锯出的,而是用斧头砍齐整的。由于工匠手艺精湛,初看它们就像是使用锯子锯出来的。与此同时,横向砍凿与树木纹理垂直,难度更大。在平整回廊与门廊所有的板材与方木时,使用的唯一工具就是斧头。门框、窗框、顶棚、地板及屋顶的所有板材,同样也仅在使用斧头的情况下加工而成。繁重的工作量和简单工具的不对称性,让后人惊诧不已:需要何等的聪明才智和高超技艺,才能仅凭一把斧头完成这些工作!用斧头砍伐树木和柴火,砍凿、搭建教堂和木屋,“砍”这一词名副其实。用圆木加工出一块简单的木板已实属不易,没有锯子,就必须先借助楔子将圆木劈裂成若干层,而后使用斧头将其各面砍削光滑。因此,“Tec(薄板)”一词,也可按照其字面理解。同时“доска(木板)”的词根有“дека, тека, цка”。其中,即使今天也可在某些地方听到“цка”一词。鉴于木板加工的难度很大,古代建筑师非常珍视由雕花吊接木板制成的装饰构件。在大多数情况下,建筑师会尽量避免使用这些装饰构件,而是选择直接在建筑物的结构部件,如门框、窗框、大门的立柱或护檐板、门扇以及门廊的立柱等上凿出装饰图案;在必须采用雕花护檐板的位置,如屋顶的直角形、尖锥形及花蕾形门柱等需要对排水槽圆木或圆木排末端进行遮挡的部位,工匠们不会在护檐板上雕刻“用来取悦人”的图案。大概在他们看来,单就从砍平这些木料所耗费的劳动来讲,仅用斧头加工出来的平整、光滑的木板,已起到了足够的装饰功能。

图 194　诺夫哥罗德省西诺泽尔荒漠乌斯秋格县的教堂. 18 世纪

(皇家考古委员会提供)

致力于开发新的建筑形式,追求建筑物的匀称性而非建筑物装饰性这样一种艺术感,也是源自生活。长期在罗斯北方居住,就会体会到当地生活之不易。漫长的酷冬过后,终于迎来了本就短暂的夏季,然而,拖沓不肯离去的春汛使得情况更加恶化。因此,必须投入所有的力量,以便能在下一个寒冬到来前完成所有的工作。“夏季农忙”一词被用于称呼夏季劳作时节。而罗斯北方,则比其他任何地方都能让我们体会这一词的字面意思——短暂的夏季的确是农忙季节。这种艰苦的生活经历在艺术中得以体现,也使得大量以经典的简单性让世人惊叹、以表现力和朴实逼真摄人心魄的建筑物得以建成。另一些北方教堂则完全融入其所处环境,构成了不可分割的整体,给人一种“这些建筑本身就是自然的一部分”的感觉。

在古罗斯,建造一座教堂并非易事,而是极其重要的事件。除需考虑建筑的强度和空间外,还必须保留能将教堂与住房区分开来的主要功能部分。需要设置安装有十字架的中央大厅,而大厅东面和西面紧挨着的,是用于设置祭坛和门廊的木屋。木屋高度较小。这种最简单的形式,会根据各地的具体条件和实际需求发生改变。同时,在装饰上大费周章也起到了一定的作用,尽管这种过度装饰,并未脱离若干世纪以来缓慢但循序发展的民间艺术的功能性装饰形式。过度装饰,追求气势宏伟、磅礴的标准,体现为教堂的多顶形式和巨大高度。即使今天看来,有些教堂也是规模宏大。这种过度装饰的状况,让我们不得不高度评价古代建筑师的技艺——他们既能轻易胜任大型建筑的设计,又能不懈追求优美的建筑形式。他们对所掌握的建筑的配景缩图的深刻理解,渗透到匀称的建筑形式的细腻的鉴别能力,让人叹为观止。在保持与民间创作的联系及古代教堂宗教使命的同时,木制教堂诞生,不断向前发展。

第十七章　大罗斯的木制教堂的主要类型

罗斯北方保留了大量远古时代的木制教堂。这些教堂形式异常繁多,有些形式极其奇特。除却显而易见的差异,可将所有教堂分成完全对立的两类。若是遵循从复杂到简单的原则,则这两类教堂的差别就显得尤为明朗了。小礼拜堂是教堂建筑最简单的表现形式,在没有教堂的北方农村,总可找到小礼拜堂,以供最近教区的教士做祷告。有时,小礼拜堂为教区辖内较大型的建筑;但在大多数情况下,它是小得不起眼的房子——很少有人不弯腰就能进门。普通的木屋是这种小礼拜堂的普遍类型,有时甚至为带顶盖的粮仓(图191)。若无屋脊上的十字架,恐怕无人能猜到该建筑的功能。根据相关编年史和记录,这种四边形、具有乡村木屋上双坡面屋顶的小礼拜堂和教堂被称为"木屋式教堂",换言之,就是像乡村木屋或农舍的教堂。这类教堂数量极大,极有可能是教堂的初始形式。这种从普通住宅借鉴而来的形式,被使用到罗斯受洗后建造的木制教堂中。早期教堂的建筑师未必见到拜占庭的石砌教堂——他们在必要时对自己的住房进行改造,使其具备新的功能。

除用圆木搭建的木屋式小礼拜堂外,还可见一些八边形的小礼拜堂(图192)。它们类似上述小礼拜堂,即便是将其顶部的十字架去掉,其独特的形式也会引起人们的注意:这种形式与通用的住宅形式或其功能形式大相径庭。此类小礼拜堂的圆木排都使用圆榫连接,整个礼拜堂呈八边形;而圆木垛的顶盖,则使用木屋上从未使用过的方式建造:这种顶盖具有八个坡面,形态类似帐篷或锥形尖顶。在北方,这种带锥形尖顶的教堂极多。当编年史或古代文书提及这种类型的教堂时,总会加上“挺拔”“木制”的字样。这一点也表明此类教堂的一个特点:挺拔、高耸。

很难确定建造第一座此类教堂的建筑师采用何种形式作为范本,但归纳出此类教堂沿革却大有可能。正如我们所见,第一批教堂必须继承普通住宅的形式,具有农村木屋的形态。由于石砌教堂的诞生,木匠有了可以借鉴的样本。自此,他们开始将石砌教堂中可被大致复制的形式复现在木制教堂中。对俄罗斯木匠来说,拜占庭教堂的基本形式及四边形建筑样式并无创新之处,因为所有的木屋都是以这种形式建造。然而,将圆顶和半圆形祭坛复制到木制教堂中却要复杂得多。人们又很难摒弃这种圆形形式,因为在罗斯北方,石砌教堂的这些部分被赋予足够的关注。教堂圆顶及高耸的半圆形结构,似乎占据了倾注其全部修饰构想的建筑师的思想。

应该认识到,木匠正是希望借助“八边形”这样一种形式,营造出石砌教堂的风韵。甚至是半圆形祭坛,也确实被装饰成八边形的样式;但实际上,这种形状常用于带锥形尖顶的屋顶。这一点在某些楔形教堂中表现得尤为明显。若从教堂东面观察其多边形祭坛,可看到教堂顶部高耸的屋面及山墙,让人感觉这似乎就是带锥形尖顶的教堂。木匠无法在木制教堂中营造早期石砌教堂波纹状屋面,于是他们不得不将四边形的圆木屋架建成双坡面式。木匠并不愿意放弃半圆形围墙顶结构,而拱架这种结构,则在带锥形尖顶教堂的洋葱式圆顶和盾形装饰中保留下来。拱架及其鳞片状装饰,间接证明木匠力图模仿石砌教堂的形式。

第一座带锥形尖顶教堂大概在何时出现已无法界定,唯一清楚的是,这种形式来源于古代。在保留至今的罗斯北方木制教堂中,年代最为久远的恰巧为八边形结构的教堂类型,其结构极其匀称。同时,我们确实能在编年史中找到相关资料,证实这种类型在远古时代就已经存在。1490 年,大乌斯秋格教堂被烧毁。这座教堂建于

图 195　奥洛涅茨省普多日县别列茨卡村的小礼拜堂

（弗·阿·普洛特尼科夫　摄）

1397 年，据称，“该木制教堂规模宏大”。教堂被烧毁后，应教士的要求，大公命令罗斯托夫大主教季洪建造一座同样的教堂。然而，教堂并未按照旧的样式被建造起来，而是被建成“十字形”结构。乌斯秋格人对教堂的外形并不满意，想就此事叩请大公。大主教请求民众不要叩请大公，并承诺按照旧的样式建造一座圆形的，具有二十个墙面的教堂。最终，教堂于 1492 年建成。根据伊·叶·扎维林推测，这座教堂并非在 1937 年首次被建造成圆形形式，也即八边形形式。因为在同一年，在于 1292 年被烧毁教堂的原址上建起了一座教堂，也被冠之以“伟大”之称谓。在这位已故研究者看来：“曾发生过教堂世俗化形式与其宗教性形式的较量；其中，宗教性形式受到教权的鼎力支持和推广。在木制建筑术中，宗教性形式具有十字形轮廓，而罗斯托夫大主教则想将这种形式的教堂建造在乌斯秋格，人民却不愿意，将旧的角锥顶式教堂形式完整保留下来了。”

图 196　奥洛涅茨省耶尔戈姆斯克沙漠卡尔戈波尔县的主显节教堂. 1644 年

（德·弗·米列耶夫　摄）

角锥顶式教堂建立在四边形基础上，并在一定高度上由四边形过渡到八边形。然而，仍然存在若干从地面部分起就为八边形结构的角锥形木制教堂被保留下来。这种从四边形过渡到八边形的建筑方法出现时间更晚，其中按照这种方法建造的年代最为久远的教堂，也不会早于 17 世纪中叶。

上述两个基本类型,即木屋式和角锥形木制教堂,都获得一定发展;但角锥顶式教堂只是形式更加复杂,并未改变这两种类别的区别性特征。

还有一类大罗斯教堂,数量也较为可观。将这类教堂归入乌克兰建筑艺术中也许更为正确。它们在与乌克兰关系最为密切的时期出现,即不早于 17 世纪中期。从教堂内部结构设置看,该类教堂有时会与乌克兰教堂原型十分相似,有时又相差甚远。在现代文书中,这种形式用术语“四边形”“八边形”表示。术语指出此类教堂是有别于木屋式教堂及角锥顶式教堂的一种层叠式建筑。这种教堂在 17 世纪末、18 世纪初很流行。有时,四边形和八边形交替出现:下部是四边形,其上用圆木搭建出八边形,而后是四边形,接着是八边形。

图 197　彼尔姆省切尔登县修道院村的教堂. 1614 年

(弗·阿·普洛特尼科夫　摄)

除以上三种主要类型外，还存在三种教堂类型。它们的出现，主要缘于对建造角锥顶式教堂的禁令。这种状况引起 17 世纪石砌建筑的一系列变革，并很快反映在木制建筑中。首先从莫斯科发起的这一禁令，对于那些远离宗教控制的地区却是鞭长莫及，民众顽强地捍卫其钟情的形式，仍旧建造角锥顶式教堂。所以，我们知道许多 18 世纪中期建造的角锥顶式教堂。而在完全没有可能建造“旧式”教堂的情况下，才采用新的形式，即“神圣的五圆顶”形式。这种形式被当时的主教奉为唯一适合东正教教堂的形式，备受推崇。主教极力推荐使用“五圆顶”形式来替代角锥形屋顶，因为他们认为，后者不具备足够的宗教气质。“五圆顶”形式很早之前就在俄罗斯的石砌教堂中得到应用；但从 17 世纪起，它几乎必不可少。在当时的文书中，当提及五圆顶木制教堂时，称这种形式的教堂系使用石砌教堂的技术建造。

图 198　阿尔汉格尔斯克省申库尔斯克县
奥西诺沃村的圣母进堂节小教堂. 1684—1776 年

（伊·格拉巴里　摄）

另外两类教堂，则因追求过度装饰及建筑师个人的喜好而诞生。建筑师希望赋予教堂某种新的、栩栩如生的元素，以弥补被取消的角锥形屋顶。若不考虑坐落于诺夫哥罗德的十三圆顶索菲亚木制教堂及基辅的索菲亚、莫斯科的瓦西里升天石砌教堂，那些在建造时间很晚的多顶教堂都可被归入其中的第一种情况；属于第二种情况的教堂，则具有形式独特、秀丽的屋面，这种屋面被称为“四棱葱头顶”，为带一定曲度的四坡面式屋面。从教堂构成部分的匀称性来看，这种屋面比较笨重，民间称其为“两侧鼓起的屋面”。这种仅具修饰功能的屋顶，极可能脱胎于洋葱头屋顶的混合形式。洋葱头屋顶形式，是角锥顶式教堂常用的修饰手段之一。因此，在角锥顶式教堂受到“排挤”的时期，人们尤其钟爱这种形式。而其诞生时间，应不早于 17 世纪的下半叶中期。

直到 18 世纪末，上述所有教堂形式一直被重复使用；偶尔也可以发现一些微小的、无伤大雅的变动——它们仅是莫斯科和圣彼得堡已消失殆尽的审美的模糊再现。它们迅速退出历史舞台，还来不及在北方木制教堂——一种具有稳定的建筑传统和方法的纯民间艺术——留下其鲜明的印迹。在教堂建筑材料的质量、教堂的尺寸及装饰的各个细节中，我们还是能感受到那种咄咄逼人的“敌意”。这种“敌意”断送了民间创作更有意义、更独特、更美好的一面。总之，教堂古迹建造时间越是久远，我们就越能感受到建筑的简单之美和建筑者的非凡力量。当驻足于圆木屋架近旁时，总会产生这样一个念头：那些如今在任何地方都不可能找到的巨大圆木，不是现代人类，而是巨人砍伐并安装在教堂中的。这时，我们的头脑中会浮现出古希腊和埃及宏大、辉煌的建筑，一种我们的时代所不具备的“洪荒之力”寓于其中。然而，这种力量并非单纯的“身体之力”，也是一种“精神之力”“宗教精神之力”。正是这种宗教精神，冥冥之中预示神奇的教堂形式，并在宗教建筑建造的竞争中推动建造者建造出神话般神奇、勇士般宏伟的教堂建筑。

第十八章　木屋式教堂

木屋式教堂在整个大俄罗斯境内都有分布，但在森林资源不如北方丰富的中部省区比较常见。木屋式教堂在平面布局上与普通木屋相似，这种教堂往往尺寸不大，其建造不会造成大量的财力消耗。最简单、同时也极可能是最古老的教堂形式，由一个中央圆木屋架及两个较小的圆木屋架构成。其中，两个较小的圆木屋架不设底层，分别从东西方向依附于中央圆木屋架。这种木屋式教堂被双坡面式屋顶覆盖，且屋顶的斜度与普通住宅屋顶的斜度完全相似。同时，屋顶还设置有十字架。这种建筑可以满足履行纯宗教性功能的需求，但在外观上与普通住宅的区分却极其微小。石砌教堂上极为重要且显眼的那部分，也即所谓的“穹顶”，在木屋式教堂上并未出现。人们尝试各种方法，试图赋予木屋式教堂这种穹顶。当然，穹顶仅为具有象征性质和纯装饰性质的屋顶，而非建筑的功能结构部分。圆顶主要为屋面的附属部分，因为在其与教堂用房之间设置有阁楼，而教堂圆木屋架上方，则安装有顶棚。

木制教堂一般建在“脖颈”形连接部分上。“脖颈”形连接部分，是类似于石砌教堂圆顶的圆柱形底座，也即“鼓形座”。圆顶和“脖颈”形连接部分都被鳞片状薄木片覆盖。不久前被烧毁的小礼拜堂就可作为这种最简单的木屋式教堂的样本。该小礼拜堂坐落于伏尔加河沿岸的普列斯，列维坦在其名画《永恒的安宁》对其加以描绘（图 193）。

圆顶的“脖颈”形连接部分，与双坡面屋顶屋脊的连接方式各不相同，为该时代典型教堂的中央部分的缩小。譬如，上面所提到的普列斯教堂中，其圆顶“脖颈”形连接部分的底座上设置有覆盖四边形基座的类似穹顶和拱架的结构。后者似乎在模仿根据建筑师想象绘制出来的建筑主体部分，整个主体成为18世纪城市教堂的缩小；而普列斯教堂的建筑也属于这一时期。诺夫哥罗德乌斯秋格县新诺泽尔斯克沙漠小教堂的圆顶，也是按照类似的方法被安装到屋面上的（图194）。二者的区别在于：普列斯小教堂的基座较低，而乌斯秋格县教堂基座具有收缩部分，营造出一种双层式教堂的感觉，并模仿了17世纪末“四边形＋四边形”的样式。还存在更为古老的木屋式教堂屋面与圆顶的连接方式：使用较小的洋葱式圆顶，或是木制“盾形装饰”进行连接；而实际上，它们是石砌教堂特有的部分，也即半圆形围墙顶的“迷你版”。这种样式在奥洛涅茨省及奥涅加河沿岸地区比较常见。在这些地区，人民对“洋葱式圆顶”和“盾形装饰”的形式情有独钟。丹尼洛夫隐修院是采用这种连接方式的绝佳案例。在别列茨卡村小礼拜堂入口大门上方，就采用了这种形式，而在小礼拜堂屋面上，又重复使用了这一形式（图195）。最简单、同时也是最古老的方法，是“脖颈”形连接部分直接固定在屋面上。在这种情况下，“脖颈”形连接部分整体就好像是被插入屋顶的末端。别尔姆省切尔登县修道院村中，处于半垮塌状态的教堂的圆顶，正是使用这种方式安装，像是被“种”到屋顶上一样（图197）。根据神职人员笔记，这座教堂建于1614年，大概是保留至今的最古老的木制教堂。奥洛涅茨省卡尔戈波尔县耶尔戈姆斯克沙漠上的主显节教堂上，两个圆顶的“脖颈”形连接部分，就是按照这种“插入”的方式被安装在教堂顶部（图196）。这座教堂也可被归入罗斯最古老的教堂之列，因为其建造时间为1644年。在圆顶“脖颈”形连接部分的根部上，设置有“插入”屋面的角锥形屋顶，即为该方法的变形。

在后续发展中，木屋式教堂获得底层，教堂房舍抬升为“上层”。这与建筑物的用途是完全相符的，因为在住宅楼中，最好的、最尊贵的位置属于上层，或所谓的“上房”，而底层则具有辅助性质。这种结

图 199　科斯特罗马附近斯帕斯-维日村的木制教堂. 18 世纪初

（皇家考古委员会提供）

构设置，极可能是在气候条件影响下而形成的——雪灾和持续的春汛，要求将建筑物上抬一层。在北方，木屋普遍建造较高，分为两层，因而可明显看出教堂建造者试图将教堂建造得更高。显然，建造者力图将教堂与周边的建筑区分开来，使上帝居住的“神殿”高于凡人的住宅。倘若普列斯类型的教堂与木屋、木棚的差别，主要集中在其顶部，则新诺泽尔斯克教堂即便没有顶部，也丝毫不会让人怀疑其并非一般住宅。俊朗而端庄的侧影，赋予这座教堂一种显而易见的庄

图 200　阿尔汉格尔斯克省申库尔斯克县乌斯季帕坚加的复活节教堂，1675 年(1893 年被搬迁至新的地点并被重命名为墓地附属圣母升天教堂)

(伊·雅·比利宾　摄)

重和肃穆。在将木屋抬升整整一层后,需要专门设置门廊。门廊在结构上和普通住宅的门廊完全一致,但空间更大、装饰更华丽。西诺泽尔教堂的门廊并不与教堂墙壁直接衔接,而是留有一定距离(图 194)。楼梯首先通向专门的平台,且平台建造在底层上,四周都被挡住,为密闭性空间。这种平台被称作台阶平台;同时,还有密封式楼梯从台阶平台通向教堂。门廊有时会与教堂的墙壁衔接,相应地,需要在两边分别设置一个入口和一个台阶平台(图 202)。和住宅中的走廊一样,教堂的门廊也有相应的顶盖,其功能相当于石砌教堂的“教堂前台阶”。这种走廊,或某些地区所称的“收容室”(用于安置行乞者)与教堂的西部衔接,或是将三个方向建成弯曲状,而保持祭坛和中堂与其邻近的部分开放,以便祈祷者通行。

木屋式教堂继续向前发展,曾经被用作门廊的西部空间变大。这部分被称为“教堂餐厅”,对于祈祷者来说是第二重要场所。相较

图 201　科斯特罗马省尤里耶夫县格洛托沃的尼古拉教堂. 18 世纪

（伊·费·博尔舍夫斯基　摄）

第一重要的正堂来说，教堂餐厅往往要大得多，有时甚至需要安装两根或是四根立柱，以支撑顶棚。此外，设置附属建筑使这种木屋式教堂的结构更加复杂。附属建筑为依附于主教堂的小教堂，并与主教堂形成一个整体。从外观上看，这种附属建筑应为设置有圆顶、祭坛、餐厅或独立门廊的独立教堂，也即附建于主教堂的完整体。这种情况对于在风格和结构上表现为独立个体的木屋式教堂极其不利；然而，这种结构也可能产生一种出其不意的美感。关于这一点，申库尔斯克县奥西诺沃村的教堂就是一个很好的佐证。这座教堂正是按照这种建筑方法，将两个一样且邻接的圆木屋架结合在一起而建造成的(图 198)。

木屋式教堂的祭坛具有两种形式。结构最为简单的祭坛为从东面与教堂主圆木屋架邻接的四边形圆木屋架(图 194、196)。较为复杂的祭坛有五面外墙，为多边形(图 193、197)。这种设置被称为圆形形式，系从石砌教堂的半圆形祭坛中借鉴而来。

在木屋式教堂的最后发展阶段，其屋面被建造成新的形式，以至于具有该形状屋面的教堂被称作"楔形教堂"，即具有木楔形屋顶的教堂。上面所提及的坐落于耶尔戈姆斯克沙漠的教堂，特别是位于科斯特罗马附近，斯帕斯-维日村的木制教堂的屋顶就属于这种类型(图 199)。而坐落于申库尔斯克县乌斯季坚加的圣母升天教堂及科斯特罗马省尤里耶夫县格洛托沃村的尼古拉教堂的屋顶，则介于普通屋面和楔形屋面之间。这种楔形屋面与普通住宅的双坡面式屋面的差别在于：前者的屋脊高高抬起，形成一个尖端。这种楔形屋面形成的原因在于：建造者有意赋予屋顶普通住宅所不常见的高度，以强化其与相似居民住宅的区分度。在建造这种大斜度屋面时，建造者会遇到以下这样的状况：屋面越陡，从屋面泻下的水流离墙体就越近。在无泄水槽的情况下，这对遭受降雨快速侵蚀的西部圆木屋架及其下部基础极为不利。为克服这一弱点，被称作"墙冠"的特殊结构形式应运而生。墙冠是圆木屋架上端的特殊形式。在木屋式教堂中，圆木屋架东西面墙体的上部圆木排逐渐变长。这样一来，教堂南北面墙体的上部圆台好似从墙体中消失了一样，形成位于屋檐下方的弧形弯曲部，也即墙冠。而这些墙冠，恰好可作为将水流引离挑檐或泄水槽的底座。在上面所提及的木屋式教堂中，乌斯季帕坚加教堂的墙冠最不起眼，耶尔戈姆斯克教堂的墙冠稍大，奥西诺沃教堂的则更大，而古修道院教堂的墙冠则极其宏大(图 197)。在一些小的礼拜堂中，屋面被设计成折线形式，无需使用明显的墙冠(图 201)，仅包住挑檐下部的较低墙体部分。彼尔姆省索利卡姆县维亚特奇尼纳村的小礼拜堂采用了这种方法(图 202)。小礼拜堂建于 18 世纪，屋面斜度较大的多边形祭坛，实际上是角锥顶式教堂的原型。当古代建筑师逐渐适应这种形式后，过渡到木制顶部教堂，对他们来说大概并非难事，更何况过渡并不明显。在他们看来，这种形式总体上并无创新之处。

保护教堂基础不受腐蚀的墙冠的成功应用，使这种结构在廊道中得以采用。与廊道毗邻的教堂墙体中，明显伸出的圆木排被称为墙冠；其中，这些伸出的部分，可作为廊道下部圆木排的底座。根据这种方法建造的廊道似乎处于悬吊状况，像是被粘贴在教堂的墙体上，为整个教堂建筑群营造出一种独特的、秀丽的气质（图 200）。在居民住宅中，特别是在建造木屋中不能供暖的地方——如屋顶和门廊——建筑师常采用墙冠，以避免为回廊修建专门的地基。

最后值得一提的是，无论是葱头形屋顶还是楔形屋顶，都并非人字梁结构构成，而是墙体砍凿结构的延续，正如我们在维亚特奇尼纳小修道院中所见（图 202），通过延长或缩短相应的圆木排，赋予圆木

图 202　彼尔姆省索利卡姆县的维亚特奇尼纳小修道院. 18 世纪

（弗・阿・普洛特尼科夫　摄）

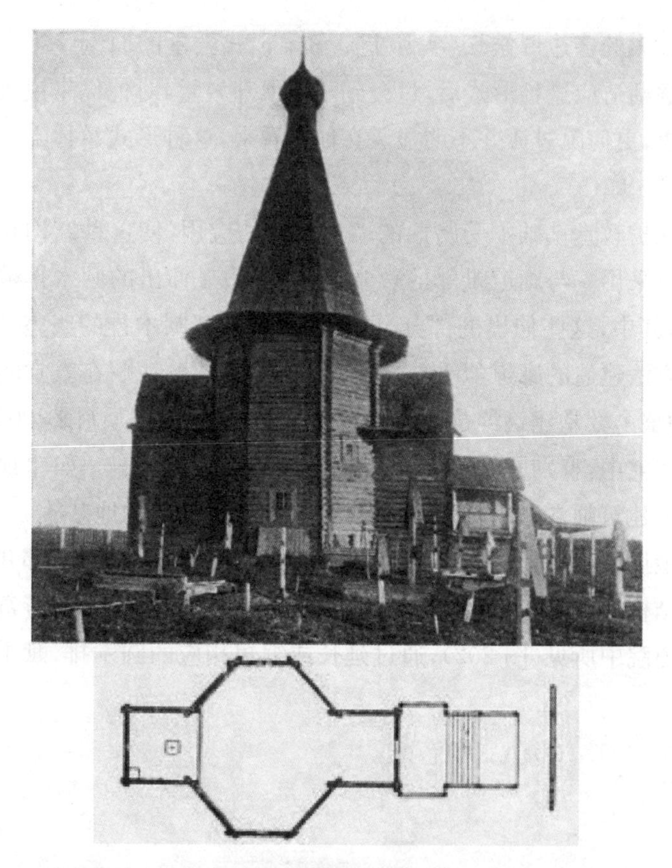

图 203　沃洛格达省索利维切戈茨克县上托伊马村的格奥尔基教堂. 1672 年

（奥・奥・戈尔诺斯塔耶夫　摄）

屋架上部不同的形式。因此，教堂的屋顶连同墙体构成一个整体，使整个教堂的尺寸大得惊人。教堂的穹顶及其“脖颈”形连接部分一般使用鳞片状薄木片装饰，而屋面、飞檐等则被盖成两层，使用“漂亮的”薄木板铺设，并设置桦树皮夹层。而其下端则被建成混圆的矛尖状。再到后来，出于保护旧教堂或保暖的目的，使用铁皮包住屋面，或使用砍削的薄木板从外部包覆墙体。若考虑到在不使用纵锯的情况下加工薄木板的难度，就不难理解，在新建教堂 12 俄寸厚的圆木墙壁上蒙上一层薄木板是何等奢侈！

第十九章　角锥顶式教堂

在罗斯北方，建筑用森林资源丰富，因此，编年史及文书中记载的“挺拔的木制教堂”最为流行。这种类型的教堂体积通常很大，达到可观的高度。“挺拔的木制教堂”这一术语界定的建筑方法的实质在于：在此类教堂中，都设置有祈祷者用的塔式主厅。这种被建成多边形的塔式建筑的屋顶，也就自然呈近八面角锥体状（顶部装有圆顶）。和楔形屋顶一样，角锥形屋顶所具有的斜度要求建造墙冠和挑檐用来排水。

角锥顶式教堂与木屋式教堂的区别不仅在于其显著的高度，而且体现在不遗余力追求教堂高度上。这种极其美观、结构合理、比例匀称的教堂是如何设计的，着实让人称奇。角锥顶式教堂仍保留了祭坛、主厅和圣餐厅三个传统的部分，它与木屋式教堂的平面布局具有明显差别，具体表现为：在角锥顶式教堂的顶部呈八面体形状。相较四面体屋顶，这种八面体形式的屋顶的优势在于，在使用比四面体形状屋顶所需长度更短的圆木的情况下，可显著增大教堂的空间。同时，无论直接建造在地面上的建筑发生沉陷，还是盛行北风侵蚀的情况下，这种八面体形状的圆木屋架的强度都要高出很多。角锥形屋面也具有同样的优势。当木屋式教堂南北朝向的屋面受到恶劣气候条件影响时，这种结构有利于抵御风力侵蚀。但木屋式教堂最重要的优点在于：它建造采用的最主要方法可在无需设置附属建筑、圣餐厅、走廊的情况下，赋予教堂十字形平面布局，并借助洋葱式圆顶和盾形装饰，使教堂具有秀丽而恢宏的气势。

角锥顶式教堂平面布局的发展道路与木屋式教堂相同。最初，教堂被分成三部分，其中最宽大的八边形部分位于教堂中央；同时，在其东西方向上各建一个四边形圆木屋架，作为祭坛和前廊。上托伊马河沿岸、索利维切戈茨克县维尔希纳的格奥尔基教堂就是按照这种结构建造的(图 203)。这座教堂建于 1672 年，为北德维纳河沿岸结构最为严整的教堂之一；这座教堂将其初始面貌保存至今。这种类型的角锥顶式教堂应被视为更为久远的形式，因为位于索利维切戈茨克县别洛斯鲁达村的弗拉基米尔圣母教堂，恰巧是按照这种方式建造的(图 204)。根据神职人员笔记，这座教堂建于 1642 年，其

图 204　沃洛格达省索利维切戈茨克县别洛斯鲁达村的弗拉基米尔圣母教堂. 1642 年

(伊・雅・比利宾　摄)

与前者的差别在于,这座教堂中设置有专门的廊道,从教堂的西部绕过教堂,并将八边形墙框的南墙和北墙连接起来,墙体上设置有门(图 205)。有时,廊道被建造的房间所取代,其目的显然是为增加教堂的空间。在北德维纳河霍尔莫戈雷县的显灵者尼古拉教堂,教堂西部附属部分就设置了类似的房间(图 206—208)。这座教堂比别洛斯鲁达教堂建造时间更早,有可能比所有按照初始面貌保留的教堂时间更为久远。教堂在 1600 年受洗,可能建于 1599 年。

图 205　沃洛格达省索利维切戈茨克县别洛斯鲁达村的弗拉基米尔圣母教堂. 1642 年

(伊·雅·比利宾　摄)

显灵者尼古拉教堂留给人们的独一无二的印象,几乎无法言传。目前,教堂稍有倾斜,某些地方的圆木也有凸起,即使一阵微风吹过,教堂似乎都有坍塌的危险。因此,刮风的天气,站在教堂弯曲墙壁的附近总让人心生惧意。然而,若了解其内部设置,就会产生依恋,不愿离去。教堂异常真实,似乎在以某种奇特的力量诱惑着参观的人

图 206 阿尔汉格尔斯克省霍尔莫戈雷县帕尼洛沃村的显灵者尼古拉教堂. 1600 年

（伊·格拉巴里 摄）

们，而它那似乎从来都不会破损的墙体、古老的鳞片状薄木片及云母小窗，总在感染我们。不久前，这座教堂被拆至地基，重新建造，而它那基于真实的魅力自然消失殆尽。

建于 1655 年的斯列坚斯克教堂也属此类教堂。斯列坚斯克教堂坐落于卡尔戈波尔县的红色利亚加村。总体上，这座教堂的八边形墙框高度稍有提升，角锥形屋顶的长度增加，但其秀丽的廊道及门廊则被取消，只能从圆木屋架上残留的钉子上，看到它们存在的痕迹。此外，教堂的祭坛被从中间分开，形成两个添建的部分。

图 207　阿尔汉格尔斯克省霍尔莫戈雷县帕尼洛沃村的显灵者尼古拉教堂

这些下陷的庞大教堂建筑极其简单、庄重，仿佛从地面长出一样。教堂被数百年树龄的古云杉包围，似乎成为古树的一员，但显得更加粗壮；同时，它们的尖顶从云杉林中高高耸起，挺拔秀丽。教堂融入周围的环境，与其构成不可分割的整体；同时，这种整体性并非表面：大自然一方面为教堂的建造提供条件，另一方面也要求建造出能够经受岁月洗礼的教堂。基督教堂永恒、非凡的宗旨得到充分且简单到极致的表达。其简单的轮廓营造出最高的艺术美感，每根线条的作用则不言自明，因为它们并不是强行添加的，也并非凭空想象

图 208　阿尔汉格尔斯克省霍尔莫戈雷县帕尼洛沃村的显灵者尼古拉教堂. 1600 年

（伊·格拉巴里　摄）

的，而是必需的，逻辑上不可避免。为增强教堂的表现力，那些装饰物的设置都极其合理、绝妙，教堂各个部分的比例则恰到好处。

教堂从基底至顶部，包括不可或缺的墙冠、祭坛、葱头形圆顶、圣餐厅、宏伟壮丽的角锥顶，均由宽度逐渐变大或是减小的圆木排建造而成，具有不同的形式。经过岁月的洗礼，它们岿然不动，简单而壮丽。教堂装饰极其简朴，一眼看去似乎未使用任何装饰。无任何一根多余、粗野的线条，让人心生嫌意。鳞片状薄木片密实地覆盖在圆顶、“脖颈”形连接部分、角锥顶及葱头形圆顶上，用细碎烘托教堂建筑的宏大。在发挥装饰作用的同时，这些细碎的鳞片状薄木片为高高耸起的屋顶增添了不少柔和的色彩。屋顶挑檐和坡面的雕花末端，教堂功能区（主要为门廊）的适度装饰，便是作为艺术家的建筑师设定的教堂的全部装饰。建筑师发掘出光点所产生的奇特感观，而这些光点则是建筑师通过巧妙运用光影效果达到的。他们经常使用扣人心弦、出其不意的配景，并从未停止对优美建筑轮廓的探寻。索利维切戈茨克县叶尔加河畔波戈斯特教区的格奥尔基教堂，精致如画的角锥形屋顶，让我们感到，建筑师在建造教堂时何等胸有成竹（图 209）！

图 209　沃洛格达省索利维切戈茨克县叶尔加河河畔中波戈斯特教区的格奥尔基教堂. 17 世纪

（奥·奥·戈尔诺斯塔耶夫　摄）

角锥式教堂的进一步发展主要表现为将角锥顶用在木屋式教堂的通用平面布局上。在这种情况下，八边形的圆木墙框以四边形墙框为基础，被抬升到顶棚的高度。这种类型角锥式教堂的典范，要数索利维切戈茨克县上乌弗秋加的德米特里·索伦斯基教堂(图210—211)。在这座教堂中，塔楼式构造被保留下来，仅具纯装饰功能。教堂已不具备令人震惊的宏大规模。因为下部设置四边形的底座，教堂角锥顶不大。这种类型的教堂通常较小，如克姆县舒亚村罗马教皇克雷芒教堂。根据教士记录记载，这座教堂建于1787年(图212)。

图210　沃洛格达省索利维切戈茨克县上乌弗秋加的迪米特里·索伦斯基教堂. 18世纪初

(伊·雅·比利宾　摄)

图 211　沃洛格达省索利维切戈茨克县上乌弗秋加的德米特里·索伦斯基教堂．18 世纪初

（伊·雅·比利宾　摄）

有时，建造者为使教堂气势恢宏，常常加高四边形墙框，八边形墙框及角锥顶。因此产生了一种被纵向拉升、接近柱形的建筑，如卡尔戈波尔县小沙尔加普多日县波切泽里耶、托杰马县波恰村的教堂（图 213—215）。

在将木屋式教堂的平面布局使用于角锥式建筑，并建造宽大的餐厅以增加教堂空间后，建造者对多边形祭坛进行了适应性改造，非

图 212　阿尔汉格尔斯克省克姆县舒亚村罗马教皇克雷芒教堂. 1787 年

（弗・弗・苏斯洛夫　摄）

常机智地使用总是与角锥形屋顶相伴的洋葱式圆顶作为屋盖。索利维切戈茨克县普秋加村的彼得保罗教堂就是这种角锥式教堂的典范。上乌弗秋加的小教堂,也具有这种多边形的祭坛木屋架,但其屋顶为坡面式屋顶,屋顶上设有鼓状装饰和圆顶(图 210)。托杰马县波恰村建于 1700 年的棱式教堂多边形祭坛的葱头圆顶式屋盖,与普多日教堂的建造手法有几分相似。教堂东部添建部分,似乎被中间隔断部分分隔成两个分别与祭坛供桌相对应的独立圆木墙框。而恰恰是由于这种复杂的结构,屋顶上的葱头形圆顶显得非常突兀,从结构上看,不够严谨(图 215)。

图 213　奥洛涅茨省卡尔戈波尔县小沙尔加的教堂. 17 世纪末

（伊・雅・比利宾　摄）

图 214　奥洛涅茨省卡普多日县波切泽里耶的圣树起源教堂. 1700 年

（伊·雅·比利宾　摄）

这种将五边形祭坛部分的顶端设置成洋葱式圆顶的手段，以更加完整的形式呈现在普秋加村的彼得保罗教堂中(图 216—217)。与所有四边形基础的角锥顶式教堂一样，普秋加村的彼得保罗教堂的建成时间较晚，甚至是这些教堂中最晚建成的。因为根据教士记录，这座教堂建于 1788 年，虽然建成时间很晚，这座教堂各构成部分却协调匀称，让人赏心悦目。与此同时，从其整体外观中，我们仍旧能感受到从基底起就建造为八边形的古教堂所具有的那种古老、肃穆的气质。为何原始的八边形教堂类型逐渐被“四边形＋八边形”样式替代，很难给出完全确定的答案。极可能是受到经济因素的制约和乌克兰方面的影响：当时，受到雅各宾派残酷迫害的修道士携带整个

图 215　沃洛格达省托杰马县波恰村的格奥尔基教堂. 1700 年

(伊·奥·杜金　摄)

修道院及所有财产逃亡北方。17 世纪 20 至 30 年代，迫害尤其严酷，甚至到 1633 年，当著名的彼得·莫吉拉担任基辅都主教时，迫害仍未完全消停。彼得·莫吉拉是一位坚定的东正教捍卫者，是基辅军政长官扬·特克什维奇的死敌，而后者则极其仇视东正教。当彼得·莫吉拉重新夺回被合并教派教徒控制的教堂和修道院(包括基辅索菲亚教堂、维杜比茨修道院)时，扬·特克什维奇给他制造了不少麻烦。基辅的逃亡者不仅逃亡到莫斯科附近的地域，还到达了北方边疆区，定居在阿尔汉格尔斯克边疆区。他们向往乌克兰古老的建筑形式，而“四边形＋八边形”的形式，恰恰在乌克兰建筑艺术中占有极其重要的一席之地。这种类型教堂的最早建造时间，不早于 17 世纪的 70 至 80 年代，这一状况可作为上述假设的支撑。譬如，申库尔斯克县舍戈瓦雷的三圣一教堂，即为此类型中最古老的教堂，其建成时间为 1666 年(图 218)。

图 216　沃洛格达省索利维切戈茨克县普秋加村的彼得保罗教堂. 1788 年

（伊・格拉巴里　摄）

图 217　沃洛格达省索利维切戈茨克县普秋加村的彼得保罗教堂. 1788 年

（伊・格拉巴里　摄）

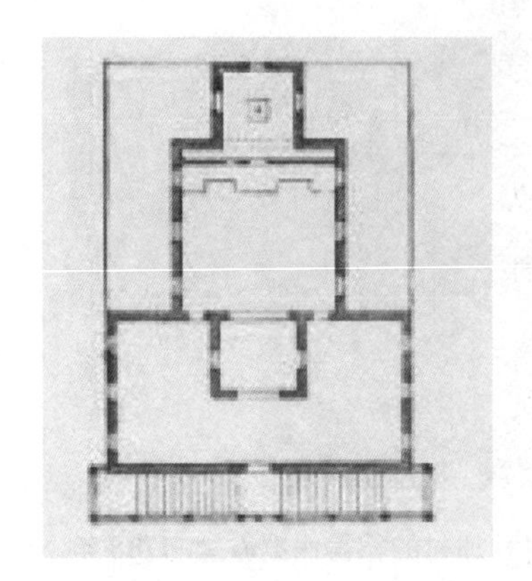

图 218　阿尔汉格尔斯克省申库尔斯克县舍戈瓦雷村的三圣一教堂. 1666 年

（伊·雅·比利宾　摄）

希格瓦雷教堂与小沙尔加教堂一样，顶部挺拔、高耸，但前者还具有一个全新的、前所未有的特点：顶部并不涉及教堂的功能结构，而是一种独特的装饰方法。这种装饰方法缘起于“过度装饰”这一意图，开始大行其道。具体来说，这种装饰方法表现为使用较小的、纯装饰性的葱头形屋顶或所谓的小阁楼，对八边形中的四条角边进行装饰。八边形设置在四边形上时，保证其八面墙体中的四面墙体与四边形中的四面墙体重合，似乎是后者的延续部分。而八边形其余的四面墙则建造在四边形墙体的四个角上；同时，在由此而形成的四个凸角上设置小阁楼。在奥涅加河和奥诺涅茨边疆区，这种小阁楼十分流行。它们默默装饰着极为朴素的木制教堂——矗立在那些仍未被薄板装饰的圆木排墙体上，显得尤为秀丽。科扎河（流入奥涅加河）河畔马卡里村的罗马教皇克雷芒教堂，就是按照这种方式建造的

图 219　阿尔汉格尔斯克省奥涅加县科扎村社的罗马教皇克雷芒教堂. 1695 年

（弗·弗·苏斯洛夫　摄）

（图 219）。这座教堂建于 1695 年；如今，屋顶被薄木板所覆盖，严重削弱了原有的魅力。教堂钟楼中同样装饰有小阁楼。钟楼的建造时间与教堂的建造时间大概相同，但在 19 世纪，其古老的角锥形屋顶被替换成当时流行的尖顶的圆顶式屋顶。

在奥洛涅茨边疆区，人们对小阁楼喜爱到何种程度，我们从雕刻在 18 世纪圣像画上的亚历山德罗-斯维尔斯克修道院的图像上可见一斑（图 220）。小阁楼密密麻麻地分布在两个教堂及钟楼上，赋予修道院神话般的梦幻色彩。

木屋式教堂平面布局的进一步发展表现为设置副祭坛。副祭坛的营造方法各种各样，有时会在多边形原始祭坛的北部添建一个作为副祭坛的多边形，而副祭坛本身，则位于四边形中北墙一个较小的添建部分中。奥涅加县舍列克萨村中的举荣圣架节教堂（建于 1708 年），也采用了这种建造方法（图 221）。然而，在这座教堂的结

图 220　18 世纪的亚历山德罗-斯维尔斯克修道院

（圣亚历山德罗·斯维尔斯基圣像画上的图样）

构中，我们可感受到些许“突兀”——教堂的结构布局缺乏统一性和完整性。相比之下，申库尔斯克罗斯托夫村的圣母进堂节教堂（图222）明显更为合理，结构更具逻辑性和说服力。圣母进堂节教堂的建造时间较晚，为 1761 年，但古代木制教堂的神韵，却在这座教堂中得到了鲜活的体现。与普秋加教堂相似，这座教堂似乎也属于更早的年代。因副祭坛在教堂的初始设计中就存在，副祭坛和教堂有机地结合在一起。副祭坛附建于教堂的北面墙体，与东、西两面墙体毫无差异。然而，这座教堂虽然结构优美，但从其外观上来看并不对称。为保证此类教堂的完全对称和结构的完整，仅需在教堂的南面附建一座副祭坛。这样一来，这种形式的教堂便形成了一个古希腊

图 221　阿尔汉格尔斯克省奥涅加县舍列克萨村的举荣圣架节教堂. 1708 年

（弗・阿・伊洛特尼科夫　摄）

建筑中的等边十字架形平面布局。的确出现过按照这种完整的平面布局建造的教堂,其中的典范,就是申库尔斯克县科涅茨戈里耶村保存极为完整的耶稣升天大教堂(图 223—224)。这两座教堂都位于北德维纳河河畔,二者之间的距离不远;更为神奇的是,不知为何,教堂的圆木墙体仍未镶装护板。科涅茨戈里耶教堂建于 1752 年,相较罗斯托夫教堂略早,但毫无疑问,两座教堂应被视为已有类型。复杂构

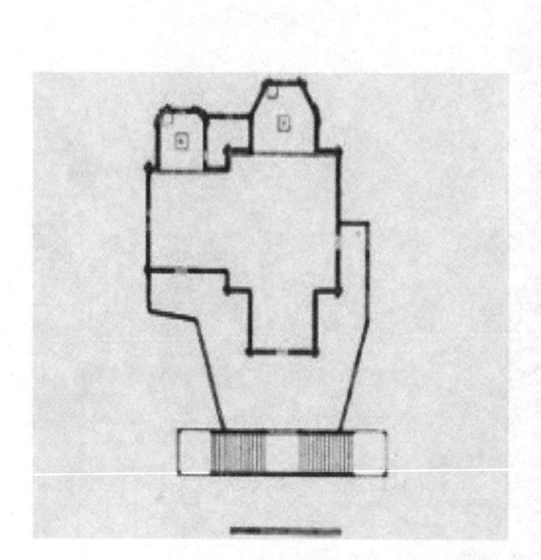

图 222　阿尔汉格尔斯克省申库尔斯克县罗斯托夫村圣母进堂节教堂. 1755 年

（费·费·戈尔诺斯塔耶夫　摄）

Вознесенская церковь въ Кон горьи Архангельск. губ. Шенку уѣзда.—1752 г. (Фот. И. Грабаря).

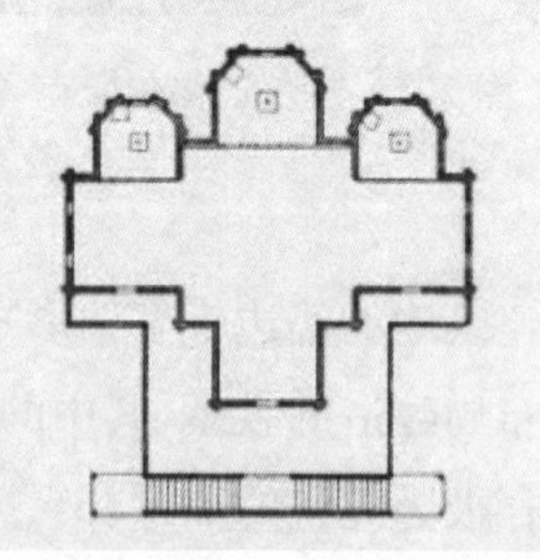

图 223　阿尔汉格尔斯克省申库尔斯克县科涅茨戈里耶村的耶稣升天教堂. 1752 年

（伊·格拉巴里　摄）

图 224　阿尔汉格尔斯克省申库尔斯克县
科涅茨戈里耶村的耶稣升天教堂. 1752 年

（伊·格拉巴里　摄）

造所依赖的所有方法都经过建造者深思熟虑，构造独一无二，以至建筑的整个外形不论情况如何变化，都显得一气呵成。

科涅茨戈里耶教堂为十字形平面布局，十字形的中部为四边形；而在更为古老的、被建成八边形的教堂中，在建有南、北两个副祭坛的情况下，应形成一种中央设置有八边形结构的新式十字形平面布局。位于北德维纳河申库尔斯克县扎奥斯特罗维耶村的圣母圣诞教堂（图 225）就是按照这种平面布局建造的。这座教堂于 1726 年建于

Церковь Рождества Богородицы въ селѣ Заостровьи
Архангельской губ. Шенкурскаго уѣзда.
1726 г. (Фот. И. Грабаря).

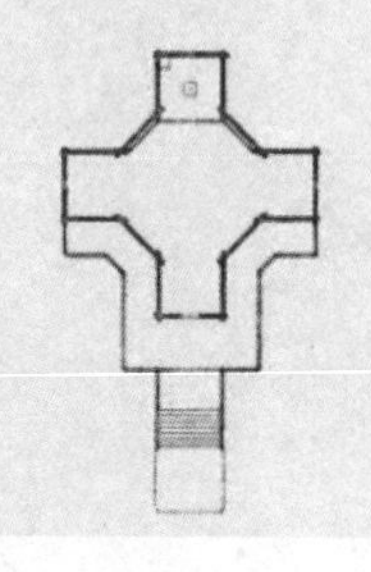

图 225　阿尔汉格尔斯克省申库尔斯克县
扎奥斯特罗维耶村的圣母圣诞教堂. 1726 年
(伊·格拉巴里　摄)

1614 建成的教堂的原址,基本按照原有的教堂形式建造。当需要拆除旧教堂,而非建造新教堂时,这种情况很常见。譬如,库什塔河畔库边斯科耶岛卡德尼科夫县,乌斯季耶村亚历山大-库什塔修道院内的教堂(图 226),则与这座教堂比较相似。亚历山大-库什塔修道院内教堂的八边形墙框,不如扎奥斯特罗维耶教堂的宽大,因此,其四个附建部分在接角处相接,形成完全等边的十字形平面布局。相关资料表明,这座教堂不仅可作为古十字形平面布局教堂的范本,而且可能是保存下来的最古老的角锥顶式教堂之一,原因是这座教堂的建造时间很可能为 16 世纪中期。而在我们看来,类似的、形式较简单的教堂应为克姆县舒亚村建于 1753 年的显灵者尼古拉教堂(图 242)。另外,根据托杰马县韦尔霍维耶村的圣母圣诞教堂的平面图,我们也可观察到醒目的十字形状(图 227—228)。这座教堂外形朴素端庄,虽然年代久远,但保存完好。有关建造时间的教士记录并未保留,根据当地的传说,教堂已有四百多年的历史,于 15 世纪末或 16 世

图 226　沃洛格达省卡德尼科夫县库边斯科耶岛、库什塔河乌斯季耶村附近亚历山大-库什塔修道院内教堂. 16 世纪中期左右

（伊·奥·杜金　摄）

纪初建造。当然，根据传说做出结论总是不大可靠，但这种十字形平面布局的教堂 17 世纪就已存在，这一点不容置疑，原因很简单：在梅耶尔别尔克图集中就可见到其身影。在图集中，我们还可见到梅耶尔别尔克所手绘的同样形式的教堂，只不过教堂上并无小的角锥形屋顶，但建有两坡面屋顶的附建部分。教堂位于距科洛姆纳湖畔上

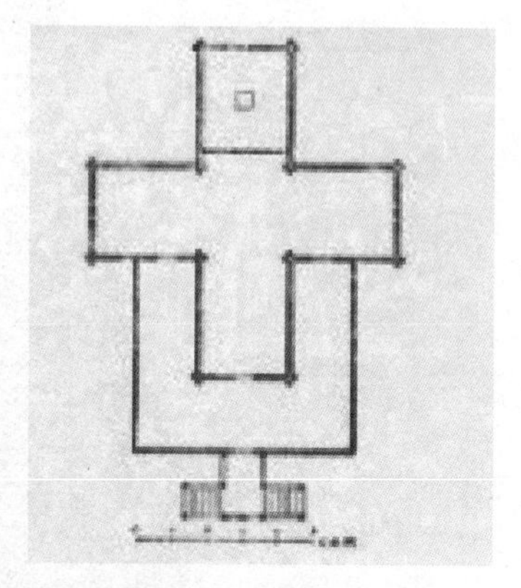

图 227　沃洛格达省托杰马县韦尔霍维耶村的圣母圣诞教堂. 17 世纪
平面图根据弗・弗・苏斯洛夫的测量尺寸绘制

（伊・雅・比利宾　摄）

图 228　沃洛格达省托杰马县韦尔霍维耶村的圣母圣诞教堂. 17 世纪

（伊・雅・比利宾　摄）

沃洛乔克21俄里的地方(图229)。将韦尔霍维耶的教堂归入17世纪的建筑未必不可,更确切地说,其建造时间应为17世纪末。导致这种想法产生的原因则是教堂的屋顶:这是一种平面的角锥形屋顶,被称作“大斗篷”式屋顶。另外,这座教堂中部角锥顶的八边形墙框与十字形附属建筑连接部分的装饰也值得称道。

图229　上沃洛乔克附近科洛姆诺湖畔的教堂

(来源于梅耶尔别尔克1661年图集)

然而,十字形平面布局教堂的这种壮丽、完整且紧凑的形式(扎奥斯特罗维耶教堂可为范本),仍未赋予作为整个教堂建筑组成部分的副祭坛足够的表现力。这种形式更适合十字形平面布局的单一副祭坛的教堂,譬如申库尔斯克县建于1667年的圣母升天教堂(图230)。在这座教堂中,非常有利于采用自大牧首时期就备受最高教

图 230　阿尔汉格尔斯克省申库尔斯克县苏兰达的圣母升天教堂. 1667 年

（伊・雅・比利宾　摄）

会推崇的五圆顶形式。副祭坛与教堂顶部的联系不甚密切，营造出一种不依赖于中央教堂的独立教堂感觉，使副祭坛更具表现力。克姆县的圣母升天大教堂恰好就是按照这种结构建造：由两个中央主角锥顶式教堂（八边形墙框＋四边形墙框构造）及附建的南北两个角锥形屋顶构成（图 231）。克姆县的圣母升天大教堂建于 1714 年，需要认识到，这种多圆顶结构出现的时间要早得多！在卡尔戈波尔附近一座建于 18 世纪初期的教堂中，副祭坛独立性的呈现方式又不相

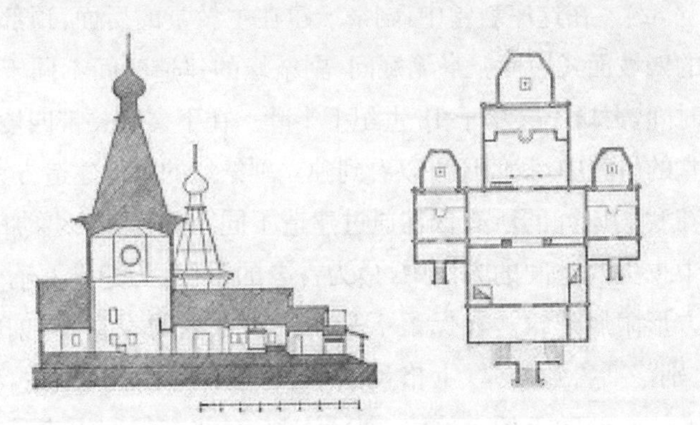

图 231　阿尔汉格尔斯克省克姆县的圣母升天大教堂. 1714 年
平面图及剖面图根据苏斯洛夫的测量尺寸绘制

（伊・雅・比利宾　摄）

图 232　卡尔戈波尔附近帕夫洛夫村的教堂. 18 世纪

（伊・雅・比利宾　摄）

同(图 232)。在这座教堂中,副祭坛建在主教堂的后面,顶部为设置有圆顶的四坡面式屋面。毫无疑问,副祭坛的建造时间不同于主教堂的建造时间,大概不会早于 18 世纪下半叶。在下文有关带四棱葱头形屋顶教堂的研究中,我们还可以看到独立副祭坛的其他建造方案。

在我们研究的所有旨在通过建造不同附属建筑以增加角锥顶式教堂中央大厅空间的方法中,最为古老的手段,为建造具有葱头形屋顶的方形附属建筑。在保留下来的一些古老的教堂中,如帕尼洛沃教堂、别洛斯鲁达教堂、上格奥尔基教堂及库什塔教堂中,都使用了这种方法。若教士记录可信,则可认为,在北方保留下来了一个比帕尼洛沃教堂早建整整一百年的教堂,即阿尔汉格尔斯克县乌纳市镇的克雷芒圣徒教堂(图 233)。根据具有传说性质、而非确切记录的教士资料,这座教堂建于 1501 年;1871 年在其南北方向上添建了的两

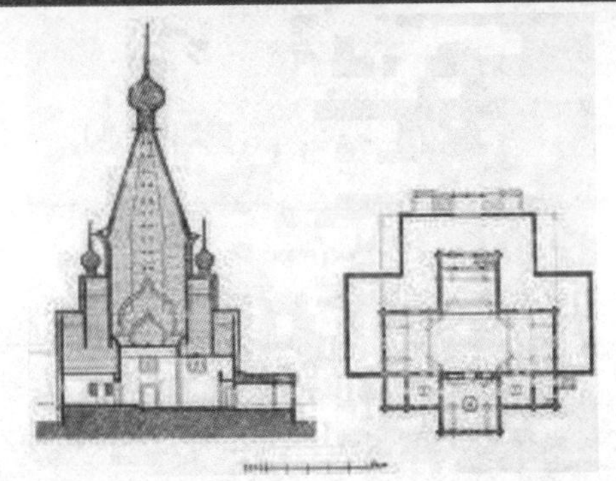

图 233　坐落于阿尔汉格尔斯克县乌纳市镇的克雷芒圣徒教堂. 16 世纪

(照片及测量尺寸由弗·弗·苏斯洛夫提供)

个附属建筑;同时在相关的葱头形屋顶上,建造了两个圆顶,并在祭坛的侧面,建造了低矮的建筑,用于设置供桌和助祭台。教堂本身无疑很古老，甚至可能属于 16 世纪的建筑。与帕尼洛沃教堂一样，这座教堂也有葱头形屋顶的附属建筑，但此处的葱头形屋顶发展程度更高：葱头形屋顶分两层布置——靠近中间的、稍小的葱头形屋顶稍稍抬升，形成一种阶梯结构。科尔县瓦尔祖加村 1674 年建造的圣母升天教堂（图 234）也采用了这种结构，只是稍有变动。在克雷芒圣徒教堂中，十字形平面布局的圆木屋架末端，已实现分层，为上部的葱头形屋顶准备位置；在圣母升天教堂，只对葱头形屋顶进行分层处理。

图 234　阿尔汉格尔斯克省科尔县瓦尔祖加村的圣母升天教堂. 1674 年

（弗·阿·普罗特尼克科夫　摄）

克雷芒圣徒教堂和圣母升天教堂都可被归入北方最优秀教堂建

筑之列。然而，两座教堂都未能以初始面貌保留下来。圣母升天教堂的情况稍好，只是镶装了护板，而其初始面貌中实质性的部分则未有变动；但克雷芒圣徒教堂则经历了明显的变动。即便如此，克雷芒圣徒教堂仍旧散发着无穷的魅力，给人留下不可言喻的印象：教堂仍旧秀丽匀称，轮廓依旧清晰美好，整个建筑群散发出最完美的巨型艺术作品所独有的那种庄重而美好的静谧和安宁。这座教堂还对俄罗斯艺术史具有非常重要的作用。在遥远北方穷乡僻壤里的科尔半岛上出其不意地冒出一座教堂，并在建造理念和形式上与莫斯科近郊的科洛缅斯科耶皇家庄园中著名的耶稣升天大教堂非常相近，这是何等让人惊异！遗憾的是，早前从三个方向围绕教堂的祭坛被拆除了；此外，教堂不久前被镶装护板，破坏了教堂外形和线条的纯洁。若是这座教堂能以其原始形式保留下来，则其与科洛缅斯科耶庄园中的耶稣升天教堂的相似会更加明显——后者似乎就是前者的复制品。

另外，尼奥诺克萨市镇的三一教堂，也应当被归入十字形平面布局的教堂类型，确切地说，是这种类型教堂的最后发展阶段。在三一教堂中，由五个角锥顶构成的教堂顶属于五圆顶结构形式（图 235）。三一教堂建于 1729 年，但其角锥顶的普通堆砌完全摧毁了其两个副祭坛的表现力；同时，具有葱头形屋顶的附属祭坛，在教堂的整体布局中则变得无足轻重了。

赋予角锥顶式教堂五圆顶形式的意图，促使一种教堂顶部处理的方法应运而生。这种方法的核心在于：需在角锥顶根部的采光方向上，建造四个葱头形屋顶。这些葱头形屋顶单纯用于设置圆顶，并不具备实际性功能。梅津 1714 年建造的圣母圣诞大教堂，恰巧为按照这种方法建造的教堂（图 236）。围在角锥顶四周的这些葱头形屋顶是纯装饰性的，其功能与简单的阁楼无异。况且，角锥顶自身也是起装饰作用的，因为葱头形屋顶不是紧贴着角锥顶，而是紧贴教堂的圆顶屋面；角锥顶则以这些葱头形屋顶为基础而建造。这种方法就是所谓的“建造在十字形布局葱头屋顶”的角锥顶上。

图 235　阿尔汉格尔斯克县尼奥诺克萨的三一教堂. 1729 年

（照片和测量尺寸由弗・弗・苏斯洛夫提供）

然而，在维持木屋式教堂简单平面布局条件下所建成的五圆顶形式，并不完全合乎圆顶的分布顺序，因为在本教堂中，圆顶并非按照古代石砌教堂常用的方法，分布在大四边形的四角，而是依中心线和东西南北方位分布。然而，在这一方面的修正，促使一种设置葱头形屋顶的新方法产生：葱头形屋顶并非沿四边形的中心线分布，而是按照对角线分布。霍尔莫戈雷县切尔莫赫塔的德米特里・索伦斯基

图 236　梅津的圣母圣诞大教堂. 1714 年

（弗·弗·戈尔诺斯塔耶夫　摄）

教堂就是按照这种方法于 1685 年建成(图 237)。此教堂在很早之前就被镶装护板,因此被完美保留下来。值得一提的是,在古代,护板的镶装不同于现代。护板主要按照“堆压”的方法镶装在教堂上,即将一块薄木板紧挨下一块木板钉上;而现在大多使用搭接的方式,即使用下一块木板的下部边缘,盖住上一块木板的上部,这显著破坏了教堂线条和形状原有的纯洁。使用古代的镶板方法几乎不会造成任何破坏,角锥顶的图案、洋葱式圆顶的形状、窗户等,都能保持原样。其中,切尔莫赫塔的德米特里·索伦斯基教堂的窗户,就和古代建成时的一样不引人注目。角锥顶、圆顶及洋葱式圆顶,都没有使用鳞片状薄木片进行装饰,而主祭坛附属建筑的洋葱式圆顶,则没有设置圆顶——圆顶仅保留在副祭坛上;尽管如此,教堂仍以当前的状态,给人们留下奇特的印象。同时值得一提的是,教堂内部毫无变动地保

图 237　阿尔汉格尔斯克省霍尔莫戈雷县
切尔莫赫塔的德米特里·索伦斯基教堂. 1685 年

（伊·格拉巴里　摄）

留了下来，其中，圣餐厅尤其独特。在切尔莫赫塔另一座于 1709 年受洗的圣母圣诞大教堂中，洋葱式圆顶并未沿着四边形的中线分布，而是按照对角线分布。这座教堂的均匀性较差，其祭坛突出部上，设置有一个笨重且庞大的洋葱式圆顶，所有的窗户都经过了加宽处理（图 237）。

具有木屋式教堂平面布局的五圆顶式教堂的发展历程，与木屋式教堂发展历程相似。在建造教堂的副祭坛时，也存在梅津的教堂中所遇到的不便之处；且副祭坛的装饰性圆顶，紧靠教堂的北墙，导致在屋面上形成了一个所谓的"鼓包"（图 236）。奥西诺沃村双楔形屋顶的教堂（图 198）中，也使用了这一巧妙方法，从而促使一个新的、更简单、更原始的解决方案诞生。这种新方案在梅津兰波日尼亚村中建于 1781 年的"圣三一教堂"（图 238—239）中得到了淋漓尽致的体现。教堂主体部分的中央设置有一个立柱，将教堂分成两个完全相同的副祭坛，每个副祭坛都具备独立的供台，但共用一个圣障。双

图 238　梅津县梅津河畔兰波日尼亚的三一教堂. 1781 年

（费・费・戈尔诺斯塔耶夫　摄）

图 239　梅津县梅津河畔兰波日尼亚的三一教堂. 1781 年

（费・费・戈尔诺斯塔耶夫　摄）

祭坛式结构极好地展示了教堂内部构造的设计理念；同时，借助八边形墙框，极大丰富和美化了教堂粗犷的外形。教堂虽然毫无变动保留下来，但严重下陷，倒塌的日子也指日可数了。

在五圆顶教堂中，坐落于梅津尤罗马-大德沃尔斯基的大型教堂，以其宏伟的外形脱颖而出(图 240)。这座教堂于 1685 年受洗，为纪念米哈伊尔天使长及加夫里尔而建，是罗斯北方建造的结构最合理、最秀美的教堂之一。其圆顶部分连同东、南、西、北四个朝向的洋葱式圆顶轮廓分明，而距离教堂有一定距离的门廊，则是风景如画的北方最为美丽的遗迹之一。建造“大块头”教堂的材料为木制坚硬的落叶松，有着令人震惊的尺寸：圆木的直径可达 1 俄尺或是更大。

图 240　梅津县梅津河河畔尤罗马-大德沃尔斯基村的天使长加夫里尔教堂. 1685 年

（费·费·戈尔诺斯塔耶夫　摄）

大德沃尔斯基还有一座木制教堂，即伊利因斯基教堂。根据神职人员笔记，这座教堂建于1729年，其奇特之处在于：其内部设置有用于纪念圣徒彼得和保罗的“副祭坛”。教堂及其副祭坛特色鲜明，极富表现力，代表了两种角锥形结构，即“八边形＋四边形”和“洋葱式圆顶”的独一无二结合（图5）。

在古代的宗教建筑艺术中，洋葱式圆顶如此深受喜爱，故有可能存在不少洋葱式圆顶与角锥顶的其他结合方式。在帕尔姆奎斯特于1674年游历俄罗斯时所作的画作中，就可看到其中的一种结合方法。该画作中描绘了莫斯科近郊的某一木制教堂。画作的题名颇让人费解：《莫斯科修道院（Michoskij Monaster）》（图241）。此教堂有可能坐落于尼科罗乌格列什基修道院内。

图241　莫斯科近郊的尼科罗乌格列什基修道院教堂

（瑞典工程师帕尔姆奎斯特1674年绘制）

四边形主教堂屋盖的建造中，采用了角锥顶和洋葱式圆顶结构。但这座教堂洋葱式圆顶数量并非四个，而是十二个——分三层，依次排布。在这座教堂中，洋葱式圆顶的功能相当于盾形小阁楼的功能，就如我们在著名的瓦尔祖加教堂中所见。值得一提的是，帕尔姆奎斯特作为一名工程师，其过人之处便是其建筑物素描的高度准确性，因此，他的这幅画作值得信赖。

图 242　阿尔汉格尔斯克省克姆县舒亚村的显灵者
尼古拉教堂（1753 年）和帕拉斯科娃受难节教堂（1666 年）

（弗·阿·普洛特尼科夫　摄）

第二十章　四棱葱头顶式教堂

四边形教堂中，被冠以“四棱葱头顶”的特殊屋顶出现的原因一言难尽。四棱葱头顶式教堂主要分布在奥涅加边疆区，其中最为古老的教堂的建造时间也不会早于17世纪中叶。禁止建造角锥顶教堂，在某种程度上就是这种教堂形式产生的原因之一。建筑师无法永远放弃北方人民所珍爱的教堂形式，自17世纪起，建筑师便开始积极寻找与角锥顶或多或少相似、或是可以取代角锥顶的新教堂形式。洋葱式圆顶-角锥顶形式，已经是对莫斯科方面所施加压力的一种明显让步，但角锥顶在很大程度上得到了五圆顶形式的拯救。这种新的教堂形式受到人民的喜爱，因为角锥顶被完整保留下来，同时洋葱式圆顶这一建筑形式也早已为人民所接受，受到他们的珍视。“四棱葱头顶”实际上是角锥顶更为灵活的替代方案，因为它最终通过了那些求全责备的大主教的严格督查。克姆县舒亚村的帕拉斯科娃受难节教堂(1666年)，作为保留的年代最为久远的四棱葱头顶式教堂，仅有一个设置在高耸的顶端上的圆顶(图242、252)。而这一情况恰恰可以成为上述关于这种教堂形式出现原因推测的证明——远远看去，这座教堂几乎就是一座角锥顶式教堂。

1725年建造于奥涅加县波德波罗日耶村的圣三一教堂(图243)，主显节副祭坛也设置有类似的单顶四棱葱头顶。因为四棱葱头顶过于扁平，也不如舒亚村帕拉斯科娃受难节教堂中的四棱葱头顶与角锥顶相似。这大概是因为其建造时间相较更晚。四棱葱头顶的单圆顶形式，无疑比五圆顶形式更合理，因为在单圆顶中，比角锥

图 243　阿尔汉格尔斯克奥涅加县波德波罗日耶村的圣三一教堂. 1725—1727 年

（弗·弗·苏斯洛夫　摄）

顶更突出作为某一教堂形式出发点的穹顶部分。四棱葱头顶有可能是综合洋葱式圆顶和角锥顶的特点而产生，作为一种最接近穹顶的形式，完全符合教权的要求。首先在北方出现的乌克兰建筑风格，也对四棱葱头顶形式产生一定影响。除了上述原因外，四棱葱头顶的广泛使用，还可能与其建造方法的简单有关。在四棱葱头顶中，无需建造较为复杂的圆形圆木墙框，同时不必保证建造庞大角锥顶时所需的精确性。在木匠看来，保证四棱葱头顶的最大圆度的确复杂，和五圆顶角锥式教堂中洋葱式圆顶与角锥顶的连接相比则要简单得多。四棱葱头顶一般建造在四边形教堂上，极少出现例外情况，譬如，霍尔莫戈雷县扎恰奇耶村北德维纳河显灵者尼古拉教堂（图 244—245），就是鲜有的例外。这座教堂建于 1687 年，就其平面布

图 244　阿尔汉格尔斯克省霍尔莫戈雷县扎恰奇耶村佐西马-萨瓦季娅教堂和尼古拉教堂

（伊·格拉巴里　摄）

局、巨型八边形建筑墙体及其宏大的气势，完全可与那些最优秀的八边形教堂，如帕尼洛沃教堂、上格奥尔基教堂相媲美。显灵者尼古拉教堂建筑本应设置的角锥顶被出其不意地替换成四棱葱头顶；四棱葱头顶上部边缘逐渐变成长圆形连接部，而连接部上则安装了圆顶。这种美观、带有少许诙谐的形式，未必与教堂古老且呆板的墙体建造于同一时期。教堂神职人员笔记对这座神秘的教堂做出一些描述。教堂明显受到被称为"多棱顶"的乌克兰教堂顶形式的影响。根据神职人员的笔记，教堂的顶部受到雷击被劈裂，并未引起火灾。而毫无疑问，这里所说的顶部即角锥顶，在当时即被重建，也就形成了我们上文中所提到的"别致"的形式。

在四棱葱头顶上设置五个圆顶并不具备任何难度，遵守规定的

图 245　阿尔汉格尔斯克省霍尔莫戈雷县扎恰奇耶村尼古拉教堂

（伊·格拉巴里　摄）

圆顶设置方式，即按照教堂的墙角分布，也是容易的事情。因此，四棱葱头顶式教堂一般都是五圆顶式的，至少在其中央主体建筑的屋顶上，都设置有五个圆顶。在波德波罗日耶的圣三一教堂中，我们即可看到这种五圆顶形式；此外，克姆县维尔马村的彼得保罗教堂及奥涅加县库舍列卡村的耶稣升天教堂，也属于五圆顶式教堂（图 246—247）。其中，彼得保罗教堂建于 1759 年，但因护板镶装丑陋、粗暴，外形不甚美观；而耶稣升天教堂建造时间比彼得保罗教堂的建造时

图 246　阿尔汉格尔斯克省克姆县维尔马村的彼得保罗教堂. 1759 年

（弗·阿·普洛特尼科夫　摄）

间早了约一百年。根据教士记录的记载，耶稣升天教堂建于 1669 年，也镶装护板，由于镶装得较好，故教堂目前仍未丧失其原有的秀丽形态——教堂所有的部件都比维尔马村的彼得保罗教堂中的部件美观。四棱葱头顶式教堂四角上的圆顶多半给人一种与四棱葱头顶本身并无关联的、随机的装饰性附件的印象。圆顶有时像是建造者

图 247 阿尔汉格尔斯克省奥涅加县库舍列卡村的耶稣升天教堂. 1669 年

(弗·阿·普洛特尼科夫 摄)

按照直觉顺手设置,毫无道理而言,如维尔马村的彼得保罗教堂;有时则通过在“脖颈”形连接部分的底座上,设计专门的盾形装饰部分,稍稍让人感受到其结构的合理性,如圣三一教堂(图 244)。在库舍列卡村的耶稣升天教堂中,对后一种形式的模仿意图尤为明显:在这座教堂中,中央圆顶及侧面圆顶似乎都被设置在盾形装饰及带洋葱式圆顶的小阁楼上(图 247)。

图 248　阿尔汉格尔斯克省奥涅加县切库耶沃村的主易圣容教堂. 1687 年

(弗・弗・苏斯洛夫　摄)

将五圆顶形式应用在四棱葱头顶中极其方便,促使该建造方法进一步发展。五圆顶形式其实是虔诚的建筑师梦寐以求的多圆顶形式的过渡形式。

在保持十字形平面布局的情况下,具有五圆顶的四棱葱头顶已能驾驭充满活力的十圆顶群。在奥涅加县切库耶沃村建于 1687 年

图 249　阿尔汉格尔斯克省奥涅加县
波德波罗日耶的弗拉基米尔圣母教堂. 1745 年

（照片和尺寸由弗·弗·苏斯洛夫提供）

图 250　奥洛涅茨省卡尔戈波雷县别烈日诺-杜布罗夫斯基村的十圆顶大教堂. 1678 年

（弗·弗·苏斯洛夫　摄）

的著名的主易圣容教堂(图 248)中,就可见到这种十圆顶的形式。而位于波德波罗日耶的第一座教堂——弗拉基米尔圣母教堂中的十圆顶形式则更加奇特(图 249)。这座教堂建于 1745 年,采用的是十字形平面布局,其下部的圆顶并非直接安装在洋葱式圆顶上(见切库耶沃教堂),而是设置在装有洋葱式圆顶的角锥体上,安装位置抬升。通过这种方式,下部圆顶与主要的圆顶群联系更加密切,而教堂多圆顶结构表现力也更强。

建造者也曾尝试在四棱葱头顶上建造多个圆顶,如 1678 年建造的卡尔戈波雷县别烈日诺-杜布罗夫斯基村的十圆顶大教堂(图 250)。在四棱葱头顶的四个方向上各设置一个洋葱式圆顶,并且每个洋葱式圆顶上设置一个圆顶。这样,它们连同四棱葱头顶四个角上的圆顶及中央圆顶,共九个圆顶,均匀分布,极其美观。虽然四棱葱头顶的形式是纯装饰性的,无任何结构性功能,但其所营造出的美感却让人无法抗拒。有时候,四棱葱头顶作为连接复杂教堂建筑群的形式;而这些教堂建筑群通常为教堂院落,就像是几个圆顶构成的

图 251　图尔恰索沃村社

（弗·阿·普洛特尼科夫　摄）

阿尔汉格尔斯克省奥涅加县的十圆顶式主易圣容教堂(1786 年)、报喜教堂(1795 年).

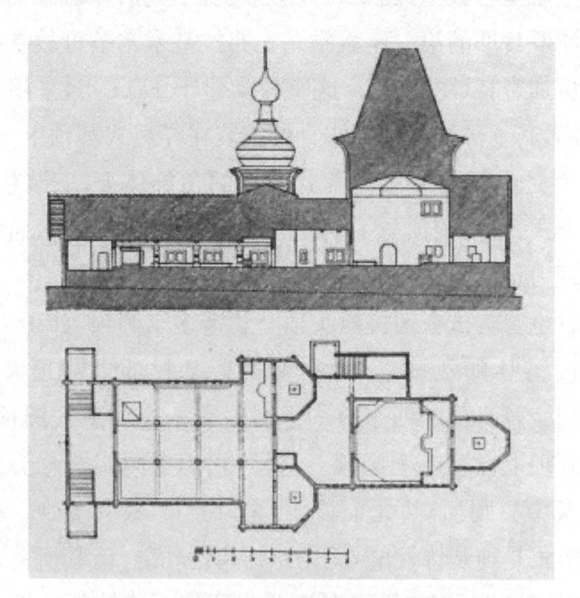

图 251　图尔恰索沃教堂平面图及剖面图

（尺寸由弗·弗·苏斯洛夫提供）

神奇的、童话般的小镇。

奥涅加县图尔恰索沃村社就是这样的教堂院落(图 251)。这座教堂院落中的十圆顶主易圣容教堂,按照库舍列卡教堂、切库耶沃教堂及其他四棱葱头顶式教堂的形式,建于 1786 年,而报喜教堂则建于 1795 年,以其独特的平面布局著称,特别突出其两个副祭坛的独立性。这种建造手段总体上与帕夫洛夫村教堂中的两个斗篷状顶式副祭坛的建造手段相似(图 232),但也有一定区别:在报喜教堂中使用的,是较为少见的单顶式四棱葱头顶取代斗篷顶作为副祭坛的屋顶。

早前时候,当所有的教堂未被镶装护板时,这些复杂的教堂院落一定给人们留下肃穆、端庄的印象。现在,这些教堂不复存在,但 20 年前,在某些地方还能见到它们的身影。弗・弗・苏斯洛夫甚至有幸见到了克姆县舒亚村的教堂,并拍下珍贵的照片(图 252)。

图 252　阿尔汉格尔斯克省克姆县舒亚村的教堂

(弗・弗・苏斯洛夫　摄)

图 253　沃洛格达省索利维切戈茨克县切列夫科夫村的圣母升天教堂. 1691 年

（伊·格拉巴里　摄）

第二十一章　多层顶式教堂

被建成若干层次的教堂所具有的"四边形＋四边形"的称谓，远不能说明所有层次都是四边形的。在古代文书中，"四边形＋四边形"这一木工术语在一个"四边形＋一个或几个八边形"，甚至是没有四边形的情况下，照例被使用。这个术语意味着存在两个或是几个依次堆叠的圆木屋架，上面的每一个屋架的宽度，要比其下面的屋架宽度小。这种形式来自南方，具体为乌克兰，在适应新的环境后，与大罗斯教堂的平面布局方法结合起来。当这种形式还处于萌芽状态时，使用"八边形＋四边形"方法建造角锥顶式教堂的北方工匠，已经对这种形式有所了解。的确，我们不知道任何建于 17 世纪 30 年代中期之前的角锥顶式教堂；它们有可能受到乌克兰的影响。带有明显乌克兰特点的纯多层顶式形式，在 17 世纪末，特别是在 18 世纪非常流行。这种教堂类型，在俄罗斯中纬度地区或大罗斯的南方最为常见，而在北方则鲜有分布，并且主要是使用多层顶形式的某些建造手段。

如前所述，逃难者为躲避多明我教派教徒的迫害，从南方迁移到北方，是俄罗斯教堂形式盛行的原因。不仅逃亡教士及底层神职人员逃入莫斯科，其中也出现了高级神职人员的代表。自彼得一世时代起，任命乌克兰人担任天主教主教职务，已成为一种普通现象；我们可观察到：在 18 世纪的前四十年期间，如霍尔莫戈雷及阿尔汉格尔斯克的都主教，无一例外均来自南俄和西俄。他们使用自己家乡的语言进行交流和书写，而他们的批示和注释中，夹杂着拉丁语的句子和表达，如“Шкода”“Чымъ”“з памяти вибылося”“зайшло въ забвенiе”等。这些都主教在同乡的支持下，对曾经在天主教影响下形成的祖国的宗教礼拜习俗进行完善。首位来自大罗斯的阿尔汉格尔斯克大主教至圣者瓦尔索诺菲，不得不在后来根除一些偏差，并指示神职人员“根据东部教会进行修改”。

且不论大主教不惜对一些宗教礼拜习俗做出更改——他们对那些在祖国已熟知的建筑形式的青睐，表现得更为明显。

在大多数情况下，“四边形＋四边形”样式教堂的平面布局方案，与木屋式教堂的平面布局一致。偶尔也会出现一些一眼看似与木屋式教堂毫无差别，但仍然暗藏多层元素的教堂，譬如索利维切戈茨克县切列夫科夫村的圣母升天教堂(图253)。根据神职人员笔记，这座教堂建于1691年，后因1888年镶装护板而被丑化。弗·弗·苏斯洛夫恰巧在对这座教堂进行粗滥维修前画下了这座教堂的样子，从他所描绘的细节来看，教堂精致优雅。至今，教堂建造所用的巨大圆木仍能给人带来极其深刻的印象。圣母升天教堂从平面布局来看与木屋式教堂无异，仅中央部分的四边形墙框，似乎在强调这一很快不得不在建筑术中发挥重要作用的建造方法。在四边形墙框上部安装了洋葱式顶部和圆顶，1888年之前，洋葱式圆顶和圆顶上都装饰有鳞片状薄木片。

索利维切戈茨克县库利加·德拉科瓦诺瓦的尼古拉教堂，也为相近的样式(图254)。教堂建在1719年被烧毁的教堂旧址上；而1748年在神职人员笔记中，又谈到对维修后的教堂进行洗礼；同时，教堂当前样式大概也是此时形成的。后述两座教堂的建造方法，在格奥尔基教堂中得到进一步发展(图255)。格奥尔基教堂坐落于佩尔莫戈里耶，确切来说，建造在北德维纳河高耸的左岸，教堂所在位置，有可能是北德维纳河整个流域地势最高、风景最秀丽的地段。教堂建于1664年，直到1873年前，教堂都未遭受任何变动；1873年，教堂经受了任何木制教堂都无法摆脱的命运——镶装护板。镶装使教堂受到很大的破坏——比木制教堂通常所遗失的东西要多，原因在

图 254　沃洛格达省库利加·德拉科瓦诺瓦的尼古拉教堂. 建于 1748 年

（伊·格拉巴里　摄）

图 255　沃洛格达省索利维切戈茨克县佩尔莫戈里耶的格奥尔基教堂. 1664 年

（伊·格拉巴里　摄）

于这座教堂的线条和外形原本针对原始墙框设计。这座教堂也是由上下两个四边形构成的，但上部并非只有一个洋葱式圆顶，而是四个或是两个相互交叉的洋葱式圆顶。通常在这种情况下会采用五圆顶结构，但在这座教堂中出现的是三圆顶。这给人一种印象：这座建筑就像传奇，就是一个神圣的民间小教堂，仿佛给美丽、河段恰恰极其宽阔又极其宏伟的德维纳河陡峭的河岸戴上一顶皇冠。

时至今日，这座教堂虽然已被改造成城市教堂的形式，但其框架仍秀丽挺拔，与周围生长的云杉相映成画。另外，还按照这座教堂的样式建造了另一教堂，即索利维切戈茨克县波戈斯特教区的格奥尔基教堂(1685 年)。

尼科利斯克县别列兹尼克教区的木屋式教堂，则因在其圆木屋架上设置了两个纯装饰性的四边形结构，其外观稍有不同(图 256)。此教堂建于 1757 年，但教堂顶部形式却显得有些矫揉造作，这也说明了当时在首都占统治地位的建筑风格向地方渗透。这种多层顶式教堂类型较为常见，如索利维切戈茨克县叶多马的尼古拉教堂(1748 年，图 257)。在木屋式教堂的上方，建造了一个尺寸不大的八面体，仅有装饰功能。教堂顶端是漂亮的圆顶，而圆顶的“脖颈式”连接座，则设置在“仿穹顶”上。圆顶、“脖颈式”连接座及其底座、鳞片状薄木片都被保留了下来。

索利维切戈茨克县叶尔加河畔维尔希纳的格奥尔基教堂(1710 年，图 258)，为多层顶式教堂的简单类型。在主体四边形结构上，建造了另一个尺寸较小的四边形结构，小四边形结构上盖有平面屋顶；而圆顶则嵌装在屋顶上。就平面布局而言，上述几座教堂与一般的木屋式教堂没有任何差别。然而，也存在与角锥顶式教堂原始平面布局方式(如卡德尼科夫县科尔涅沃最漂亮的教堂——圣母圣诞教堂，图 259)相似的方式。圣母圣诞教堂建于 1793 年，其下部至今仍未镶装护板，给人一种城堡建筑的感觉，风景极其秀丽。其主圆木屋架从基础部分开始，即被建成八边形，而其入口则被设置成在圣餐厅，也就是教堂西侧附属建筑下部掏出的一个很宽的门洞。但

图 256　沃洛格达省尼科利斯克市附近别列兹尼克教区被废弃的教堂. 1757 年

(皇家考古委员会提供)

图 257　沃洛格达省索利维切戈茨克县叶多马的尼古拉教堂. 1748 年

(伊·格拉巴里　摄)

图 258　沃洛格达省索利维切戈茨克县叶尔加河畔维尔希纳的格奥尔基教堂. 1748 年

（伊·格拉巴里　摄）

图 259　沃洛格达省卡德尼科夫斯克科尔涅沃的圣母圣诞教堂. 1793 年

（伊·格拉巴里　摄）

无论是圣餐厅还是祭坛，形状都很简单；显然，建造者的注意力主要集中于中部的塔式构造上。

在祭坛及圣餐厅上设置洋葱式圆顶作为顶盖，这一建造手段在多层顶式教堂的建造中极少应用，但 1687 年建于罗斯托夫附近伊什尼亚村的约翰神父教堂(图 260)是这种类型教堂的范例。将不同形式糅合在一起，仍能引起人们的兴趣，但将这种结合应用于多圆顶教堂中，能够带来相对更好的效果。

图 260　罗斯托夫附近伊什尼亚村的约翰神父教堂. 1687 年

（弗·弗·别列普列特契科夫　摄）

因使用少、难度大，多层顶式与角锥顶式的结合显得极不寻常。可贵的是，在托杰马县，仍存在这种类型的教堂——舍弗金斯克的尼古拉教堂(图 261)，就是其中一座杰出的教堂。尼古拉教堂的下部，与十字形平面布局、带基底呈圆形的中央八边形主体结构的普通角锥顶式教堂没有任何区别，但顶部却有很大差异。在中央八边形结

图 261　沃洛格达省托杰马县舍弗金斯克市的尼古拉教堂. 1687 年

（伊·奥·杜金　摄）

构上方设置圆形的通道，可通往较小的八边形；而较小的八边形结构上方则建有普通的角锥顶。这种低矮且尺寸较小的八边形结构上安装有角锥顶。根据神职人员笔记记载，这座教堂建于 1625 年，其层顶却未必是同年所建。教堂角锥顶结构起初很简单，并过渡到连接部位；改造后才具备当前的形式。无论如何，不得不承认这座教堂建造方法的精美。正是借助这种建造方法，教堂八边形结构之间的过渡部分得以装饰。虽然使用这种建造方法使角锥顶失去以往的端庄和简洁，但无疑使角锥顶更加美观，形式更丰富多样，更加饱满，也突出了角锥顶的精致奇巧与轻盈。

波德莫纳斯特尔斯克村的尼古拉显圣者教堂同样值得一提。这座教堂也位于托杰马县，融合了上述建筑方法。教堂确切的建造时间无法考证，但极可能属于 18 世纪初期的建筑。这座教堂明显为舍弗金斯克教堂建造方法的进一步发展，只是前者下部的圆木屋架上设置了两个，而非一个八边形的结构。而过渡部分的装饰方法则与舍弗金斯克教堂的一样，仅两个八边形结构的高度有所增加，而角锥顶的高度变小。教堂主体圆木墙框为四边形，但其形状和八边形墙框有几分相似，就像八边形墙框的两边切入四边形墙框西面的两个棱角中。因此从东面看，教堂呈四边形木屋式平面布局；而从西面看，又属十字形平面布局的角锥顶式教堂(图 262)。

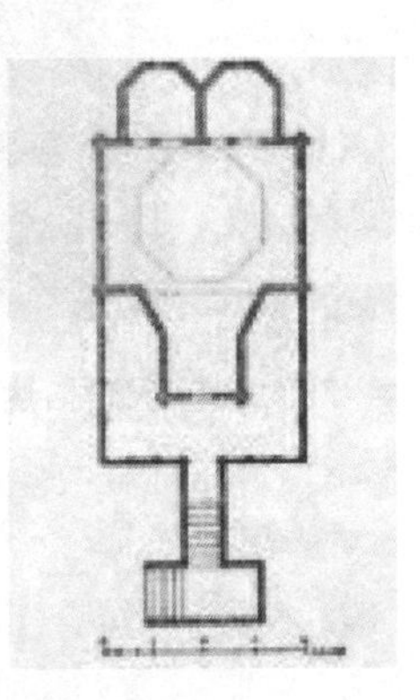

图 262　沃洛格达省托杰马县波德莫纳斯特尔斯克村的尼古拉显圣者教堂. 18 世纪初

(照片由伊・奥・杜金　摄，平面图由弗・弗・苏斯洛夫提供)

四边形加上两个八边形圆木墙框形式，为多层式教堂最为通用的类型。几乎所有这种类型的教堂上，都安装有一个较小的洋葱形圆顶。圆顶被设置在上一八边形圆木墙框的水平屋面上。主易圣容教堂(图 263)可作为此类教堂的典范。这座教堂位于韦利斯克县索登加村，建于 1759 年。索利维切戈茨克县别洛斯鲁达村的阿法纳西・亚历山大教堂(建于 1753 年)(图 264)，也可被归入这一教堂类型。与上述两座教堂相似的，还有韦西耶贡斯克县利哈乔夫村那座秀美的小礼拜堂(图 265)。该小礼拜堂也建于同一时期。这座教堂

图 263　沃洛格达省韦利斯克县索登加村的主易圣容教堂. 1759 年

（伊・雅・比利宾　摄）

图 264　沃洛格达省索利维切戈茨克县
别洛斯鲁达村的阿法纳西・亚历山大教堂. 1753 年

（伊・格拉巴里　摄）

图 265　特维尔省韦西耶贡斯克县利哈乔夫村的小教堂. 18 世纪

（伊·雅·比利宾　摄）

中上层八边形圆木墙框不同于普通样式——它极其宽大、笨重。在韦西耶贡斯克县,保留了许多 18 世纪建造的多层式木制教堂。这些木制教堂的特点在于:采用了垂直镶装及所谓的“钉上薄木板”的建造方法,即使用花型木板对教堂进行镶装。在北方,这种建造方法完全不为人所知,但在乌克兰和加利西亚却极其流行。这些特维尔的教堂似乎因某种奇怪的误会,而从遥远的南国迁移至此。列库沙及苏什戈里泽村中的教堂就是此类型。这两座教堂建于 18 世纪(图 266—267)。苏什戈里泽村教堂圆顶的“脖颈”式连接部分并非直接设置在上部八边形平面屋顶上,而是建造在类似“穹顶”的结构上(图 267)。这种采用较短“脖颈”式连接部分的建造方法,使人感觉到,“脖颈”式连接部分像是被截掉了一部分,故而形成了带“细长过渡部分”的洋葱头圆顶的新形式。这种形式在 17 世纪末和 18 世纪的砖石砌教堂中非常流行。毋庸置疑,这种形式似乎是多层式教堂建造方法吸收了乌克兰的装饰风格。

总之,多层顶式教堂中的乌克兰元素确实不少。祈祷大厅在塔

图 266　特维尔省韦西耶贡斯克县列库沙教堂. 18 世纪

（伊·雅·比利宾　摄）

楼以下高度被设计为开放式，多层顶中开出的窗户则用于塔楼的照明，这一点与乌克兰的建造方法完全相同。托尔若克附近建于 18 世纪的季赫温圣母教堂正是采用的这种设计(图 268)。而在科尔涅沃教堂中，其下部的四边形构造上设置的是三个八边形构造。

敞露整个塔楼至其顶部的乌克兰传统，显然并非即刻流行起来。最初，甚至四层顶式教堂都具备不设窗户的装饰顶。此类教堂不久前在托杰马县还可见到，因有坍塌危险，后被拆除(图 269)。

图 267　特维尔省韦西耶贡斯克县苏什戈里泽村的教堂. 18 世纪

（伊·雅·比利宾　摄）

最后引进的是乌克兰“多棱顶”形式的穹顶顶盖。这是一种非常有意思的屋顶，表现为多个分层分布的多棱顶。申库尔斯克县瓦加河畔博格斯洛夫村的圣灵教堂(图 270)的角锥顶进行重建时，便采用了这种结构。此教堂建于 1782 年。或许是某位大牧首行经此地时，发现多棱顶并不合适，即采用角锥顶将其遮挡。后来在对腐烂的角锥顶进行修理时，发现了多棱顶形式的教堂顶，便在镶装铁板后，将其作为更为久远的建筑形式保留下来了。

扎恰奇耶村佐西马-萨瓦季娅教堂(图 244)中所见的仿穹顶，也应被归入此类鲜见的教堂顶类型。建造在四边形结构上的八边形结构外廓被加工成圆形，恰恰是 18 世纪下半叶石砌教堂中常见类型的复现。

图 268　特维尔省托尔若克附近的季赫温圣母教堂. 18 世纪

（伊·费·博尔舍夫斯基　摄）

图 269　托杰马县废弃的教堂(现已拆除). 18 世纪

图 270　阿尔汉格尔斯克省申库尔斯克县博格斯洛夫村的圣灵教堂. 1782 年

（伊·雅·比利宾　摄）

在四层顶式教堂中，结构最为独特的当属克姆县的约翰先知圣诞教堂(图 271)。这座教堂建于 1786 年。和几乎所有的多层顶式教堂一样，这座教堂具有四边形基底，继而在四边形的底座上建造有一个短的，类似带方形底座的角锥式教堂所具有的八边形结构。这种八边形结构看似用于设置角锥顶，但实际建造一个小的四边形取代，并在这个小的四边形上方，又建造了装有鳞片状薄木板装饰的扁平形圆顶的四边形结构。

将多层顶式结构使用得恰到好处的，还有索利加利奇县诺拉河畔别列佐维茨村的尼古拉显圣者五圆顶教堂(图 272)。在神职人员笔记中并未记载这座教堂的建造时间，但将其归为 18 世纪前 30 年的建筑未必不可。根据教堂建造时采用的基本方法，这座教堂应为具有明显十字形平面布局的角锥式教堂；第二层重复了第一层的十字形末端结构，只是规模更小，用于取代角锥顶；同时，在中央设置一个四边形结构，用于安装中央圆顶。诺夫哥罗德省切列波韦茨县

图 271　阿尔汉格尔斯克省克姆县坎达拉克沙的约翰先知圣诞教堂. 1786 年

（弗·阿·普洛特尼科夫　摄）

图 272　科斯特罗马省索利加利奇县诺拉
河畔别列佐维茨村的尼古拉显圣者五圆顶教堂. 18 世纪

图 273　科斯特罗马省加利奇县霍尔马村的圣母教堂. 18 世纪

（伊・费・博尔舍夫斯基　摄）

图 274　阿尔汉格尔斯克省霍尔莫戈雷县秋赫切利马的伊利因教堂. 1657 年

（伊・格拉巴里　摄）

涅拉兹斯科耶-鲍里索格列布斯克村的教堂也大致属于这种类型，只是这座教堂的圆顶安装在洗礼用洋葱式圆顶上。而科斯特罗马省加利奇县霍尔马村圣母教堂(图 273)的五圆顶结构则更为简单。这座教堂建于 18 世纪，采用的是“八边形＋八边形”结构，五个圆顶直接安装在上部八边形结构屋顶上的小洋葱式圆顶上。

第二十二章　多圆顶式教堂

五圆顶形式已成为建造多圆顶教堂的通用方法；我们可以看到，一些小的教区有时会变成多圆顶的建筑群。除上述多圆顶建造手段，在北方还可见到非常地道的多圆顶类型。最简单的建造手段之一，当属霍尔莫戈雷县秋赫切利马的伊利因教堂(图 274)所采用的建造手段。教堂建于 1657 年，保存较为完整，具有高板床式四坡面屋面的大型方形底座的四角及轴心、中心上，共设有九个圆顶，其中位于中央的圆顶，被安装在角锥顶上。虽然镶装护板破坏了教堂形式，但因镶装时间久远，并未给教堂造成大多数北方教堂所遭受的那种令人不快的影响。教堂小圆顶的“脖颈”式连接部分与水平屋面之间简单、原始的连接方式，在一些多层顶式教堂中也被采用，如索登加及托尔若克附近的教堂(图 263)。阿尔汉格尔斯克县扎奥斯特罗维耶村的斯列坚斯克教堂(建于 1688 年，图 275)也属这一教堂类型。在这座教堂的东西部附建建筑上，并未设置较大的洋葱式圆顶，无秋赫切利马教堂的那种完整，而镶装则更是样式考究、形状复杂，使原有的窗户受损。

基日岛上建于 18 世纪 60 至 70 年代的十圆顶教堂(图 276)中采用的多圆顶建造方法则更加完善。大圆顶设置在八边形屋架中央，而八个侧圆顶则分别在八边形屋架的侧角上。建造者很成功地使用了在圆顶的“脖颈”式连接部分的基底上建造多层结构的建造方法。

彼得罗扎沃茨克县舒亚教区教堂群的构造尤为巧妙。教堂群建于 18 世纪(图 277)，通过使用同样的多层顶式营造方法，建造者将四

图 275　阿尔汉格尔斯克县附近扎奥斯特罗维耶村的斯列坚斯克教堂. 1688 年

（弗・弗・苏斯洛夫　摄）

个下部圆顶设置在凸肩上；其中，突肩是教堂顶部从四边形墙框过渡到六边形墙框而形成的非常独特的形式。下部的四个圆顶设置在四边形墙框四角的小洋葱式圆顶上，而洋葱式圆顶背面则紧靠六边形墙框的墙体。在六边形墙框上建造十字形洋葱式圆顶，洋葱式圆顶十字形末端上设置有四个圆顶；其中的两个圆顶，恰好位于六边形墙框边角的上方，而另外两个则位于墙体的上方。十字形洋葱式圆顶的中央建有不大的八边形墙框，而中央圆顶的“脖颈”式连接部分则直接嵌装在八边形墙框的屋面上。这种建造方法非常独特，因此，使用这种圆顶群会赋予教堂漂亮的轮廓。

所有这些营造手段都被用于十圆顶形式中。十圆顶形式为教堂建造中被推崇的形式；其中，十圆顶象征天使或神的侍者的十个级

图 276　奥洛涅茨省彼得罗扎沃茨克县基日岛的十圆顶教堂. 18 世纪初

（伊・雅・比利宾　摄）

别。更有甚者,建造者在建造教堂时并不遵循任何象征,他们唯一的念头就是建造规模宏大且外观奇特的“神殿”,而圆顶的功能则在于突出建筑的神圣。基于这种理念,建造者给我们留下了两个杰出的民间艺术古迹:维捷格拉工商区的十七圆顶教堂,及基日岛的二十一圆顶教堂(图 278—281)。两座教堂均建于 18 世纪初,实际使用的建造方法是一样的,只是在基日岛的教堂中,添加了上部的四个圆顶;然而,在维捷格拉的教堂也留有设置该圆顶的位置,但未被利用。此

图 277　奥洛涅茨省彼得罗扎沃茨克县舒亚教区教堂群. 18 世纪初

图 278　奥洛涅茨省卡尔戈波雷县教堂维捷格拉工商区的十七圆顶教堂. 18 世纪初

（伊・费・博尔舍夫斯基　摄）

图 279　奥洛涅茨省彼得罗扎沃茨克县
基日岛的二十一圆顶主易圣容教堂. 18 世纪初
（伊・雅・比利宾　摄）

外，在基日岛教堂的中央圆顶下部，还增添了一个长的八边形结构。

初看上去，基日岛教堂的多圆顶结构，表现为组合在一起的圆顶及洋葱式圆顶，给人一种非常奇特的感受，令人震撼。洋葱式圆顶的分布错综复杂，只有隐藏在洋葱式圆顶中的圆顶具有一定的规律，让人觉得圆顶布局还是具有一定章法的——只是所谓的章法非常独特。越是仔细观察教堂童话般的穹顶，则越会感叹创造该神话的"神来之笔"：教堂的建造者就是无法被模仿的创造者。然而，无论这座

图 280　奥洛涅茨省彼得罗扎沃茨克县基日岛主易圣容教堂门廊. 18 世纪初

（伊・雅・比利宾　摄）

图 281　奥洛涅茨省彼得罗扎沃茨克县基日岛木制教堂区. 18 世纪初

（伊・雅・比利宾　摄）

神奇的建筑是何等独特，它并非出自一人之手，并非某一独特的天才建筑师的个人作品。呈现在我们面前的是民间创作。在创作中，人的个性被湮没；而教堂的每个圆形、每处细节，都曾被使用过；教堂中没有哪根线条是人民、是经历多个世纪的艺术所不熟知的。因此，在这座教堂的建造中，重要的是各种图形和样式的组合，这种充满灵感的营造概念，则是建筑师在幸运时刻的“灵机一动”。

那么，建筑师使用了那些建造方法呢？若是关注教堂的平面布局，则可发现其远非新创。仍旧是十字形平面布局的角锥式教堂的古老形式：沿四边形墙框中心线，在其周边附建四个四边形墙框。正如所有古角锥式教堂一样，这座教堂的中央部分，从底部第一道圆木排开始，即被建造成八边形结构。就平面布局来看，基日岛教堂与舍弗金斯克及申库尔斯克扎奥斯特罗维耶的角锥式教堂、索利加利奇别列佐维茨的多层式教堂（图 261、225、272）非常相似。教堂正面也并非全新的结构；观察构成十字形平面结构末端的，采用搭接方式添建的四边形构造，我们又会看到乌纳及瓦尔祖加的教堂（图 233—234）采用的分层多级式洋葱式圆顶。

因此，基日岛教堂下部分建有中央八边形构造，建筑师似乎意欲安装角锥顶；但他们用“四边形＋四边形”构造，或“八边形＋八边形”构造取代了角锥顶。同时，在从大八边形构造向较小的八边形构造过渡的位置，建筑师在洋葱式圆顶上设置了两排圆顶，并在第一个八边形构造上部设置了八角的洋葱式顶部和圆顶；而在第二个八边形构造上方设置有四个洋葱式顶部和圆顶；在第三个八边形构造上，中央圆顶被直接安装在八边形构造的平屋面上。

看似毫无章法，实则清晰明了、富有逻辑。这样一座造型奇特的教堂的建筑师，理当被誉为“艺术大师”“时代精英”；他们积极尝试“四边形＋四边形”这种全新的建筑形式。这座教堂是俄罗斯民间建筑艺术发展道路上的最后一程：自由的艺术精神，与时代的新式建筑方法、人民创造的建筑形式的丰富遗产融成一体。赞叹这座教堂独一无二，具有神话气息的圆顶群所具有的无与伦比的魅力时，值得一提的是,不久之前,整座教堂还处于未镶装护板的状态。教堂灰色的圆木,在洋葱式圆顶正面较短,在墙冠部分则变长,错落有致,使教堂形式和线条极其丰富,赋予高高伸向天际的教堂建筑群美妙而迷人的轮廓,洋葱式圆顶、小阁楼及圆顶上鳞片状装饰薄板泛着银色的光芒,使整个教堂建筑群熠熠生辉。

图 282　梅津县基姆扎村的五桩式钟楼. 18 世纪初

（费·费·戈尔诺斯塔耶夫　摄）

第二十三章　钟楼

有一种类型的钟楼，无论是在大罗斯的南部还是北部都很流行。这种钟楼呈较高的八边形圆木墙框状，其中圆木墙框作为安放“钟”的底座，是被脚桩环绕的开放平台；而角锥顶则建在脚桩上，角锥顶上设置不大的圆顶。这种钟楼有时建造在木屋式教堂附近（图 199），有时则建于角锥式（图 252）及最后出现的多层顶式教堂附近。在保留多层顶式教堂表现力的情况下，建筑师重复了钟楼的角锥顶形式（图 279）。这种钟楼几乎全部被建成独立于教堂的建筑。选择这种布局的原因，并非将教堂和钟楼连接成一个建筑群存在难度，也并非火灾培养出的“谨慎”——火灾频繁“造访”，导致保持两座建筑之间的较大间距，并将教堂建造在距离村庄半俄里开外的位置，进而形成所谓的村社——实际原因在于钟楼出现的时间较晚。在研究并确定古代教堂类型时，并不存在任何形式的钟楼，而是通过敲击“打板”及木板或金属板，或是我们不曾了解的其他方式，将祈祷者召集起来。

对钟的需求出现了，但钟通常笨重，因此有必要设置用于吊装的建筑。然而，建造者尚且不敢违反被奉为圭臬的教堂平面布局方式，即教堂由祭坛、祈祷大厅及前廊或圣餐厅构成；更重要的一点在于找不到任何可以借鉴的范例。因此，建造者便将设置大钟的场所建造成独立的建筑。当然，这些用于敲钟的原始建筑，在外形上与后来固定下来的形式存在很大差别。这些原始建筑大体上为建造在一根埋入地下的木桩上的简陋遮棚，保存下来的这种原始钟楼极少，或者就是以古老钟楼比较新的变体形式被保存下来,如乌斯季帕坚加木屋式教堂旁边的小钟楼。钟楼建在四根埋入地下的木桩上,木桩本身并不高,钟则吊挂在横木上,而后在最上面设置有一个平面角锥形遮棚,同时遮棚上还设置圆顶,而十字架则直接安装在屋顶的最高处。

根据教堂记录,古代较为常见的是"五桩式"和"十桩式"钟楼。这些钟楼是乌斯季帕坚加原始钟楼的进一步发展。梅津县基姆扎村中,大钟已经遗失的钟楼(图 282),大概就是唯一保存下来的"五桩式"钟楼了。该钟楼与现存的天主圣母教堂一同建于 1763 年,因不起作用早被废弃。该钟楼四角的脚桩向中央脚桩倾斜,以保证钟楼的稳定;而中央脚桩则用于保证钟楼的整体强度,并用于安装圆顶。然而,该钟楼中最重要的改进之处在于:在遮棚上部,建造了一个角锥顶;而角锥顶被圆顶遮蔽,相当于教堂的角锥顶。基姆扎钟楼的八边形角锥顶被设置在方形底座上——实际上,它只是个漂亮的装饰。建造者也曾试图使这种建造方法更为合理:例如,在霍尔莫戈雷县拉库雷的钟楼(图 284)中就表现出这种尝试,这里所提到的已经不是一座"五桩式"钟楼了,而是"十桩式"。根据神职人员笔记中不太一致的信息,该钟楼建于 17 世纪或 18 世纪初期。钟楼的脚桩也向中心倾斜,而屋顶则是由中央八边形角锥顶和四角的四边形小角锥顶构成。实际上,该钟楼因其奇特的五圆顶结构,相较基姆扎钟楼更加美观;同时,四角的圆顶更是证实了基座的方形构造。

相较"五桩式",特别是"四桩式"钟楼,"十桩式"钟楼无疑具有更好的稳定性。因为在"四桩式"钟楼中,任何一根木桩腐朽都会威胁到整个钟楼的稳定;而在建造八根脚桩时,这种风险显著降低。因此,在脚桩腐朽或是迎风的情况下,将脚桩按照八边形而非方形分布最为理想。遗憾的是,按照这种建造方法建造的原始钟楼,即遮棚形式的钟楼并未保留下来,只是脚桩为八边形平面布局的角锥式钟楼已彻底失去其装饰功能。拉库雷钟楼中还有一项非常重要的改进:为了使得钟楼更加稳固,将其埋入地下的脚桩镶嵌到圆木墙框中。遗憾的是,脚桩上的圆木墙框在上个世纪 80 年代被镶装了护板。镶装手法极其粗糙，使这座比例匀称、线条优美的钟楼几乎丧失了原有的全部魅力。弗·弗·苏斯洛夫在该钟楼镶装护板之前曾有幸目睹、进行测量，并根据其初始面貌绘制图画。从图来看，钟楼整体上与伊姆扎的钟楼存在很多相似之处；就连用来悬挂钟的横梁上部的花纹处理也一样(图 283)。

图 283 阿尔汉格尔斯克省霍尔莫戈雷县拉库雷的钟楼. 17 世纪末

(来源于弗·弗·苏斯洛夫的写生画)

图 284　阿尔汉格尔斯克省霍尔莫戈雷县拉库雷的钟楼. 17 世纪末

（伊・格拉巴里　摄）

然而，这种建造方法也并不足以保证整个建筑的强度，因为脚桩作为其主要构造基础仍深埋地下，自然最先受到腐蚀。因此，下一步就是不将脚桩埋入地下，而是将其建造在圆木墙框上，更加确切地说，是嵌入圆木墙框。为此，在距圆木墙框上部三分之一的位置上，将梁木架设到脚桩下方，或是类似道岔的连接木结构，其两端被嵌入墙框中。圆木墙框凭借梁木将木桩紧紧压住，保证木桩所需要的稳定性。高出大钟的部分则通过砍接的方式，在脚桩上设置了圆木排；其中，圆木排被建造成墙冠的形式，目的在于使圆木墙框免受雨水的侵蚀。

索利维切戈茨克县齐沃泽罗村的钟楼（图 285）则为该类钟楼的最终形式。根据地方神职人员笔记，可将该钟楼的建造时间定为 1658 年。齐沃泽罗村的钟楼结构完整，且在建造中严格遵循同时也

图 285　沃洛格达省索利维切戈茨克县齐沃泽罗村的钟楼. 1658 年

（伊·雅·比利宾　摄）

是艺术家的建造者大胆追寻的逻辑形式。毫无疑问，这些形式的形成经历了很长的时间——至少在齐沃泽罗村的钟楼建成前的一百年期间，都处于开发状态。尤罗马教区梅津河畔的钟楼(图 5、240)，便是此类钟楼中规模最大的钟楼之一。钟楼的建造时间较晚，在1743 年，仍旧维持着简单、但相较齐沃泽罗钟楼更新的形式。

角锥顶式钟楼形式的进一步发展，主要集中于寻求钟楼底座与角锥顶的合适比例。有些钟楼中，八边形构造并非直接建造在地面上，而是搭建在低矮的四边形构造上。这种四边形构造最初由若干

图 286　沃洛格达省索利维切戈茨克县库利加德拉科瓦诺瓦钟楼

(伊·费·博尔舍夫斯基夫　摄)

图 287　阿尔汉格尔斯克省奥涅加县乌涅日马村被烧毁教堂的钟楼. 17 世纪

（弗·弗·苏斯洛夫　摄）

圆木排构成，就如我们在索利维切戈茨克县库利加德拉科瓦诺瓦钟楼(图 286)所见。该钟楼也可能是保留下来的最古老的钟楼，与 1719 年被烧毁的尼古拉教堂同时建造；而根据神职人员笔记中的某些对比，及火灾中幸免于难的教堂物件判断，尼古拉教堂建造于 17 世纪上半叶。舒亚彼得罗扎沃茨克的钟楼(可能建于 17 世纪)中，作为钟楼基础的，也是一个较为低矮的四边形构造(图 277)。但该钟楼的四边形构造，已比秋赫切利马的钟楼(图 274)的四边形构造要高得多，甚至也高于斯帕斯-维日村的钟楼(图 199)的四边形构造。其中，秋赫切利马的钟楼建于 1783 年，而斯帕斯-维日村的钟楼也建于 18 世纪末。而后，低矮的四边形构造逐渐被增大，最终高度达到钟楼圆木墙框高度的一半，如乌涅日马村的钟楼(图 287)及科扎村社的钟楼(图 219)。其中后者建于 1695 年，在 18 世纪，其角锥顶被尖顶取代。而乌涅日马村的钟楼的建造时间应被归入 17 世纪下半叶。两座教堂的四边形结构四角凸出部分都建有小阁楼。

韦西耶贡斯克县列尼亚河畔的救世主钟楼采用角锥顶替代圆顶的这种装饰，转向应被纳入后期的钟楼形式。毫无疑问，这种建造方法出现的时间不会早于 18 世纪中期，但从最底部开始就建造为八边形构造的钟楼主圆木墙框出现时间明显要早；纵然我们不相信该建筑为鲍里斯·戈杜诺夫时代建筑的当地传说，但至少可确定其为 17 世纪的建筑(图 288)。

图 288　特维尔省韦西耶贡斯克县列尼亚河畔的救世主钟楼. 17 世纪

（伊·雅·比利宾　摄）

就我们所知，在古代不仅木制钟楼，而且石砌钟楼都是单独建造的；仅从 17 世纪中期开始，建造者才试图将教堂及其钟楼建造成为一个结构整体。在 18 世纪，这种建造方法已经成为石砌教堂中普遍使用的方法，却未在木制教堂中得到使用。直至 18 世纪末，更确切地说是在 19 世纪初，这种新风格才在木制教堂中得到一定的反映。然而，新的建造方法并未导致新形式的产生，故而也未对古代的艺术宝库起到重大作用。正如石砌教堂建筑，最常见的为建成“轮船”形状的教堂类型——其钟楼建造在教堂的西部主入口的上方。使用的基本建造方法不变，但初始角锥顶的一半似乎被切入木屋式教堂的主体部分，仅其上部从屋顶上方露出。克姆县苏姆斯克湖心岛苏莫斯特罗维耶村的小教堂（大概建于 19 世纪）就是这种类型的典型范例（图 289）。

图 289　克姆县苏姆斯克湖心岛苏莫斯特罗维耶村的小教堂. 19 世纪初

（弗·阿·普洛特尼科夫　摄）

图 290　沃洛格达省索利维切戈茨克县别洛斯鲁达的
弗拉基米尔圣母教堂圣像壁. 1642 年

（伊·格拉巴里　摄）

第二十四章　教堂的内部陈设

虽然不同类型的木制教堂有着明显的差别，但其内部陈设总体上总是呈现统一的特点。在每座教堂中，总是无一例外地重复着教堂的三个主要部分：祈祷中央大厅，建于东面的祭坛及建于西面的圣餐厅。不论教堂从外部看去如何宏伟，其内部却完全不能与其外观相配。首次见到北方巨型教堂的人，在进入教堂之前总会被教堂庞大、高耸入云的外观震撼；然而，当其进入内部后，似乎一下就落入了某种低矮、阴暗的，类似遮棚的建筑中。其高度很少超过 5 俄尺，而这就是圣餐厅，或是纯粹供祈祷者用餐的地方。在民间，"圣餐厅"的名称流传下来，同时，在古代文书中，也常使用这一名称。圣餐厅内有一扇矮门通向祈祷大厅，虽然大厅和高耸入云的角锥顶和圆顶有几分相似，但认为它特别高大也是枉然。此处，天花顶板仅比圣餐厅高出 1 俄尺，有许多教堂的天花板也会高出 2 俄尺；而角锥顶就更不用谈了——大厅高度从未达到墙冠。酷寒和凛风，使人们不得不限制教堂的内部空间，并在进行内部装饰时一改教堂角锥顶、四棱葱头顶、洋葱式圆顶、小阁楼及圆顶的恢宏气势，而是采用简单朴素的风格。这一点在不同教堂的剖面图上表现得尤为明显：教堂内部那些简陋狭小的房间，就如外壳极厚，布满疙瘩的大核桃里面小得可怜的果仁(图 231、233、235、249、251)。

但也不应当认为教堂内部毫无可取之处。这些教堂内部陈设能给人带来无以言表的感受，有时甚至会因其极简风格使人深受震撼。在这种极简风格的背景下，教堂朴素的内部装饰主要集中在圣像壁上，使其散发出一种更为细腻、雅致的气息。圣像壁几乎是教堂内部唯一人民不遗余力使用花纹和图案，并尽情发挥想象进行装饰的地方。的确，要想象出比这些色泽鲜丽，像是泛着宝石光芒的圣像画和灰蓝色圆木更为成功的搭配并非易事。

在遥远的古代，并不存在现代意义上的圣像壁。在石砌教堂中，祭坛通常被设置有几扇门的矮墙分隔开来，而圣像画则随着时间的推移逐层增设。当然，木制教堂中也是相似的情况。只不过在最初，将木制教堂与祭坛隔开的是由几个圆木排构成的木墙，并在木墙上掏出几个洞作为进出的门。木墙上设有托板或神龛，用于放置圣像画。当石砌教堂中托架数量增加时，木制教堂中的托架也相应增加。现在已经极少见到这种简单的结构了，即使是在北方相对较近的地区，也仅在托杰马县科克申加村的主显圣容教堂（图 191），索利维切戈茨克县别洛斯鲁达的弗拉基米尔圣母教堂（图 290）中保留下来。其中在弗拉基米尔的教堂中，圣像壁被新建的门洞及后期建造的覆盖层破坏，并非原封不动；而在梅津教堂中，圣像壁则神奇地原封不动地保留下来。无论是主圣像壁，还是左边的副祭坛主圣像壁，都像对待古代遗产一样，得到了妥善的保护（图 291—292）。两个圣像壁的建造年代并不久远（大概不会早于 17 世纪末），因梅津远离当时的文化中心，这两座圣像壁才能再现源于 15 世纪，乃至 14 世纪的样式。样式和这两座圣像壁相似的圣像壁，在梅津的另一座兰波日尼亚村的教堂中保留了下来（图 293）。这座教堂的双祭坛结构，无论是从教堂外部还是从教堂的平面布局上来看，都非常清晰（图 239）。然而，进入教堂时，并非立刻就能感受到教堂的双祭坛结构；相反，教堂给人一种单祭坛的感觉，因为两个祭坛共用同一个圣像壁。只有中央的木柱及贴在其上的大型救世主像暗示副祭坛的存在。

两个圣像壁的方条上，饰有带图案的彩色板。圣像画受损严重，许多地方的油漆层连同底漆，已完全剥落；然而，通过这些圣像画当前的形态，人们仍可想象出古圣像壁的样貌。

在八边形构造的角锥顶式教堂中，所谓的“神龛”沿着棱面弯曲，

图 291　梅津教堂主圣像壁. 1714 年

（费·费·戈尔诺斯塔耶夫　摄）

图 292　梅津教堂神人阿列克谢副祭坛主圣像壁. 1718 年

（费·费·戈尔诺斯塔耶夫　摄）

图 293　梅津兰波日尼亚村的圣三一教堂圣像壁. 1781 年

（费·费·戈尔诺斯塔耶夫　摄）

图 294　阿尔汉格尔斯克省霍尔莫戈雷县扎恰奇耶村尼古拉教堂圣像壁. 1687 年

（伊·格拉巴里　摄）

并占据了八边形墙框的三面墙体;而在带从南北方向添建有木屋的十字形平面布局的教堂中,“神龛”还会延伸到南北添建部分,各占一面墙体。在科克申加教堂中,保留至今的占五面墙体的圣像壁,正是根据这种结构模式建造的。在霍尔莫戈雷县扎恰奇耶村的尼古拉教堂中,也有一个占三面墙体的圣像壁,极为漂亮(图 294)。这样的圣像壁已非由简单的托板构成的古代圣像壁,其结构已很完整:圣像画已严格按照俄罗斯教堂中所采用的顺序布置。首先是地方圣像画层,接下来是节日圣像画,其上一层为使徒圣像画,再上一层为先知圣像画。并且,圣像画并非只是简单排放在一起,而是直列摆放,并设置带图案的围栏。圣像壁虽在 18 世纪经历了各种修缮,但仍能给人们留下深刻的印象;因为它能向每一位进入教堂的祈祷者传递肃穆的祈祷氛围。上部图像与下部图像的比例设置恰到好处,使得这种向上缩减的尺寸营造出一种倾斜缩减的感觉;继而教堂高度增加了几倍。但与其他教堂相比,其天花板本来就明显被抬高了。

17 世纪末,尤其是 18 世纪初,一些新的、奇巧精致的装饰风格从西方涌入俄罗斯,北方也受到了影响。这种新潮流首先反映在圣像壁的雕刻上。在当时的圣像壁上,已出现了具有巴洛克风格的元素。当然,所有元素都被改得面目全非,甚至带有几分土气;但同时也因此而褪去了其明显的西方特性,具备了纯俄罗斯的、真正民族性的风格。在圣像壁上出现了木刻小雕像,即最原始的雕刻艺术;有时是设置在最上层的殉难者组像。沿北德维纳河畔,名为科克列夫的雕刻匠享有盛名,人们将其视为极具天赋的大师,从数千俄里外的地方雇请他。他制作的许多圣像壁都被保存下来,主要保存在霍尔莫戈雷县;其中,位于沙斯托泽尔村彼得堡罗教堂中的圣像壁(图 295),即为其艺术作品中最优秀的范本之一。在该圣像壁的第二层,为一整排轮廓非常漂亮的六翼天使雕刻图案;在底层的上部,设有双翼天使。圣像壁的整体布局及其各个细节,都应被归入民间创作的范畴内,因为在气质上,圣像壁的布局,既与日常生活中的雕刻物件一样,又与木版画、玩具、印花及彩饰板完全相同。

图 295　阿尔汉格尔斯克省霍尔莫戈雷县
沙斯托泽尔村彼得堡罗教堂圣像壁. 1739 年

（伊·格拉巴里　摄）

皇门有两种，一种为木制，带有雕刻图案；一种为金属制，带有细小且精致的花纹，通常镶装有云母作为装饰。较为久远的雕刻作品的突出特点在于其样式简单；而到 17 世纪末，雕刻花纹的样式已明显变得复杂。齐沃泽罗村的教堂中业已拆除的老圣像壁的皇门，就是这种古雕刻作品的绝佳范例(图 296)。此外，一些较好的镶云母及金属片的皇门，至今仍装饰着秋赫切利马县伊利因教堂中的圣像壁(图 297)。这些皇门中采用的是五圆顶教堂惯用的样式：教堂被连续的金属图案花边围绕，而花边上点缀有云母。

虽然对教堂进行装饰的建造者的注意力都集中在了圣像壁上，但并不能由此而判定未对教堂其他部分进行任何装饰。其他装饰常见于圣餐厅，虽然这里的装饰完全具有不同的风格。

圣餐厅虽然是从简陋的遮棚演变而来，却逐渐在北方人的宗教生活中占据了非常重要的地位。由于教区之间相隔较远，从各地汇

图 296　沃洛格达省索利维切戈茨克县齐沃泽罗村被废除的弗罗洛-拉夫尔教堂 皇门. 1658 年

（伊·格拉巴里　摄）

集而来的朝圣者不得不晚上就收拾启程，通常会等待至晨祷。因此，有必要设置一个独立于教堂的场所，以供朝圣者消除饥饿。每逢盛大节日，众多人员聚集在一起，合办宴会或所谓的聚餐。这一传统在

图 297　阿尔汉格尔斯克省霍尔莫戈雷县秋赫切利马县伊利因教堂中镶金属片及云母的皇门. 1657 年

（伊·格拉巴里　摄）

北方一直持续到现在。至今，大伙还会聚在一起，直接在教堂旁边酿造麦酒和家酿啤酒，并在教堂近旁共饮酿酒。聚餐的传统自古代就已流行；毫无疑问，这种传统在多神教时代也以某种形式继续存在。在普通的祈祷日，远道而来的朝圣者在晨祷过后会到圣餐厅吃点东西，等待进行祈祷；在悼念逝者的日子里，人们也在圣餐厅进餐。

自然，在这种情况下，圣餐厅应被一堵由圆木建成的墙体与教堂主体分离开来。墙上开有宽门，而门的侧框或门楣上悬挂门扇。每逢大型活动，人流涌入教堂，而教堂无法容纳如此大量人员，所以很多人不得不在圣餐厅做礼拜。为使圣餐厅中的朝圣者看到礼拜仪式的过程，通常会在教堂与圣餐厅隔墙的门的旁边，在人视线高度上挖出一些孔洞，这些孔洞一般较窄，大体上为圆木的厚度，即 10 俄尺。在索利维切戈茨克县叶多马圣母进堂节教堂(图 298)，可看到结构完整的此类圣餐厅。通往教堂入门的巨大门楣和门一样布满绘饰，门楣顶部成角，两侧的窗孔则使用铁制绞索分隔成花型窗格。托杰马县科克申加村扎恰奇耶的圣餐厅(图 299)的构造较为简单。此处门楣形状美观，没有彩绘及雕刻，古旧、狭长的窗孔相较更短、更宽，为两根圆木的宽度。

图 298　沃洛格达省索利维切戈茨克县叶多马圣母进堂节教堂圣餐厅. 1748 年

(伊・格拉巴里　摄)

在一些“暖式”木制教堂中，圣餐厅具有重要作用：它就像不装有烟囱的农舍，在不用烟囱的情况下，通过烧暖炉向教堂供暖。在

图 299 沃洛格达省托杰马县科克申加圣母圣诞教堂圣餐厅. 18 世纪

（伊·雅·比利宾 摄）

供暖时，必须将圣餐厅与教堂分隔开来，否则圣像画和圣像壁会被屋内流动的烟气熏黑。无烟囱暖炉被无烟炉取代后，将圣餐厅分离开来，实际已失去原来的意义。此后在一些教堂中，圣餐厅被当作学校使用。

就圣餐厅的陈设来看，和农舍是一脉相承的。圣餐厅通常很宽大，顶棚不高，南北方向各设置三扇窗户用来采光。其中，每个方向处于中间的窗户，也同农舍的情况一样，通常具有独特的装饰，因而被称作“红窗”。红窗两侧的窗户被称作“天窗”，因为它们不能被关闭，而是通过来回推动被挡起。顶棚由厚实的梁木，也称“系梁”构成。系梁上钉有木板；钉在系梁上的木板有时呈交错状分布，有时呈人字形分布。圣餐厅内倚着刨平的墙壁放置粗糙的长凳。有些极像农舍的圣餐厅，还会紧挨着炉子设置用于贮藏食物的小房间，或所谓的贮藏室。只是在餐厅中，并未放置高板床这一农舍不可或缺的物什。教堂主体内部及走廊内部都放置长凳。圣餐厅和农舍刨平的墙壁无任何装饰。

圣餐厅(有时为教堂主厅)的空间很大,常需使用巨大的立柱支撑系梁。立柱位置比较显眼,不得不对其进行装饰。立柱的装饰主要为雕刻纹饰,雕刻纹饰总是位于立柱的上部,无任何镶边或是钉上的装饰部件。克姆县维尔马村彼得堡罗教堂、卡尔戈波雷附近帕夫洛夫教堂及克姆县希日尼亚村的尼古拉教堂圣餐厅,立柱非常美观(图 300—302)。在希日尼亚村的教堂中,圣餐厅中立柱顶部设置有系梁的“卸荷斜撑”。斜撑使用方木雕刻而成,雕刻的图案非常美观。祈祷大厅中的立柱并不承受顶棚的较大重量,仅具有划分若干副祭坛的作用,如兰波日尼亚村的教堂(图 239、293)。因此,祈祷大厅中的立柱,通常比圣餐厅中的立柱要小得多。譬如,普楚加的彼得堡罗教堂(图 303),使用的就是比较细小的立柱。所有立柱都使用人们日常生活中使用的几何图案进行装饰,有时还会涂上一层薄漆。在教堂简朴的整体构造的衬托下,这些立柱极其夺目。大型立柱的最佳范本,则非普楚加教堂圣餐厅中的立柱莫属(图 304—305)。我们此前提到,从外观上判断,这些原本建造时间较晚的教堂看起来更

图 300　卡尔戈波雷附近帕夫洛夫村教堂圣餐厅. 18 世纪初

(伊·雅·比利宾　摄)

图 301　阿尔汉格尔斯克省克姆县维尔马村的
彼得堡罗教堂圣餐厅中的立柱. 1759 年

（弗·阿·普洛特尼科夫　摄）

图 302　阿尔汉格尔斯克省克姆县希日尼亚村的
尼古拉教堂圣餐厅中的立柱. 1735 年

（弗·阿·普洛特尼科夫　摄）

图 303　沃洛格达省索利维切戈茨克县普楚加彼得堡罗教堂主厅中的立柱. 1788 年

（伊·格拉巴里　摄）

像古代的建筑。在这里，我们不得不谈一下这座教堂的内部陈设。教堂内部陈设流露出极其真实的年代感，恪守古代传统，的确使人难以相信这座教堂建于 18 世纪末期。教堂年久失修，早在 1902 年，进入圣餐厅就要冒着很大风险：其顶棚部分已出现垮塌。不久前，在德·弗·米列耶夫的监护下，教堂搬迁新址。德·弗·米列耶夫竭尽全力，使这座教堂内外原貌能够保留下来。除圣餐厅的立柱外，这座教堂从圣餐厅通往教堂的门也很有意思，门扇饰有丰富彩图；而这些彩色图案则被门框上的雕刻花纹环绕（图 305—306）。

对于北面的圣餐厅由遮棚或门廊发展而来这一观点，圣餐厅的过渡形式可给出一定解释。这种过渡形式极其少见，仅在一些非常古老的教堂中才可见到；其中坐落于霍尔莫戈雷县切尔莫霍塔村的德米特里·索伦斯基教堂中的餐厅兼门廊就是一个很好的样例（图 307）。相较其他教堂，这座教堂中最具世俗气息的部分，与普通住宅之间的相似之处更加清楚明了。

根据上述有关木制教堂内部陈设，及日常生活服务部分与普通住宅明显相似性的资料，在掌握古代描写资料的情况下，绘制出古代教堂陈设的详图成为可能。小立柱、大立柱及其造型奇特的斜撑上精巧的雕刻，靠墙长凳上刻有花纹的镶边，舒适的小窗、天窗及红窗与门上涂漆装饰图案，红色前角的端庄及隆重交相辉映。唯一缺少的是角锥顶，以掩盖内部普通布局的简单和朴素。普楚加彼得堡罗教堂立柱及顶棚的涂饰（图 303—305）表现为教堂天花板装饰图案，而尼奥诺克萨的三一教堂（图 235）、图尔恰索沃教堂（图 251）的花式

图 304　沃洛格达省索利维切戈茨克县普楚加彼得堡罗教堂圣餐厅. 1788 年

（伊·格拉巴里　摄）

图 305　沃洛格达省索利维切戈茨克县普楚加彼得堡罗教堂圣餐厅. 1788 年

（费·费·戈尔波斯塔夫　摄）

图 306　普楚加彼得堡罗教堂中从圣餐厅进入主厅的门. 1788 年

（伊·格拉巴里　摄）

图 307　阿尔汉格尔斯克省霍尔莫戈雷县
切尔莫赫塔村的德米特里·索伦斯基教堂的圣餐厅. 1685 年

（伊·格拉巴里　摄）

吊顶则非常直观地向我们展示了教堂四边形、八边形屋架上方的所谓“穹顶”如何建造；同时，也呈现了教堂和阁楼中悬重式天花板的样式。

图 308　阿尔汉格尔斯克省霍尔莫戈雷县帕尼洛沃县尼古拉教堂的门廊. 1600 年

（德 · 弗 · 米列耶夫　摄）

第二十五章　教堂的外部装饰

教堂朴素而壮观、多样却秀丽的外部结构，因门廊及与门廊相连的走廊而增添了几分生机。门廊是教堂建筑中纯日常生活性的部分，即便是在普通居民的住宅中，建造者也会给予这部分较多的关注。用于教堂时，对门廊的关注已被提高到与教堂顶部装饰相同的程度。实际上，门廊建造难度要高于教堂顶部建造难度。考虑到加工用于建造盖层及门廊方木及木板的技术难度，建造者在建造入口阶梯平台和观景台阶梯平台时，表现出独出心裁的构想。在教堂功能服务区雕刻装饰所体现的细致和用心是值得我们称道的。有时，教堂被建造成抬离地面一定高度，故而必须设置门廊。这种门廊最简单的类型为单阶梯门廊，如上托伊马的格奥尔基教堂、申库尔斯克扎奥斯特罗维耶及上乌弗秋加的教堂中的门廊（图 203、225、210、211）。在西诺泽尔荒漠的教堂，恰巧就是这种单层阶梯的门廊，其阶梯平台距离阶梯有一段距离（图 194）。大概古代的门廊就是这种单阶梯类型。双阶梯门廊则更具艺术性，譬如霍尔莫戈雷县著名的帕尼洛沃县尼古拉教堂中的门廊，即为双阶梯门廊的最简单样本（图 208、308）。索利维切戈茨克县优梅沙的尼古拉教堂（图 309）的门廊也属于这种类型，只是和帕尼洛沃教堂中的门廊有些区别：此处的门廊未能与教堂有机联系，形成整体。这座教堂建于 1748 至 1750 年；此外，编年史还破例记录了这座教堂的建筑师阿·奥·维拉切夫。

上述后面两个门廊都与走廊直接相接，若它们距离教堂有一定距离时，这种双阶梯门廊的形式则会更加多样。其中，托杰马县波恰

图 309　沃洛格达省索利维切戈茨克县优梅沙的尼古拉教堂门廊. 1748 年

（费・费・戈尔诺斯塔耶夫　摄）

村的伊利因教堂的门廊(图 310),在门廊装饰处理中注重形式的艺术性和结构的合理性,被视为典范。在此门廊中,所有对各构成部分连接没有作用、多余的东西都被彻底摒弃。这座简单、不起眼的建筑达到了艺术真实的最高境界——这种艺术真实,除了对艺术知识有要求之外,还要求建造者对建筑物的形式及其各个部分的构成比例有深刻的理解,对图案装饰的尺度有可靠的感觉。我们可以非常清楚地观察到该门廊的整体结构和构架,无需专门的图纸或解释性视图。这座教堂几乎展示了所有的营造方法。例如,教堂(包括下部的四边形构造及上部的八边形构造)的圆木排采用的是圆榫连接,即圆木末端伸出;而木板制回廊底层四边形屋架的圆木排,则采用的是“齿接”——因为圆木排的末端留有一定盈余长度。阶梯下方底层圆木排的连接方式也为“齿接”,并且阶梯还起到了横向圆木排的作用。

该门廊还有一个鲜明的特点:圆木墙框与门廊走廊木制墙体支柱的连接及支柱之间的连接。作为屋面基础,上部水平系梁和倾斜梁发挥了重要作用。支柱之间的空间则需使用木板固定,为此,需要在支柱的侧面设置一些榫眼和榫槽,以便在不使用钉子的情况下钉

图 310　沃洛格达省托杰马县波恰村伊利因教堂门廊. 1700 年

（伊・雅・比利宾　摄）

入木板。为设置窗户，在回廊中安装有窗台方木，而侧窗楣及走廊内部护窗板的转轴下端则以其为支撑。轴头的上端支撑在支立柱的水平系梁上。为使窗台方木具有更高的稳定性，在其下方设置有较短的支柱，且支柱的侧面带有榫槽，以钉入窗台木板墙。这种复杂的、历经数个世纪而开发出来的工艺，在木制门廊中得到了体现。然而需要指出的是：并非所有的元素都以其初始形态被保留下来。其中最为明显的是，楼梯上未安装护栏。护栏通常由两块平行于楼梯倾斜面的板构成，并且两块木板之间的间隙有时被设计成透光的花纹样式。楼梯平台护栏的结构设置与走廊窗户墙壁的结构设计相同。在波恰教堂的门廊中，古老的屋顶未能被保留下来。

门廊的屋顶形式各异。除了双坡面的普通形式外，门廊屋顶上也常设置有洋葱式圆顶，譬如尤罗马的两座教堂（图 240）。相较波恰教堂，这两座教堂中楼梯平台下部的底层更高，已经不采用底层的方式建造，而采用直接的圆木垛；但其他部分的建造方法完全相同。除了洋葱式顶盖之外，还存在一个差别：加夫里尔天使长教堂具有两个阶梯平台，其中一个离教堂有一定距离（同波恰教堂），另一个则与圣餐厅相连，被建造在圣餐厅底层伸出的圆木所构成的特殊底层上。

罗斯托夫村及申库尔斯克县科涅茨戈里耶村教堂门廊尤其美观(图 222—224)。罗斯托夫村的教堂的屋顶为洋葱式圆顶，具有三个阶梯平台，其中之一照例建在特殊的底层上，但在这座教堂中，底层造得很高。另外两个表面未被任何物体覆盖的阶梯平台，从两边遮盖楼梯的前端。但科涅茨戈里耶村的教堂的门廊相对比较普通。两个门廊并非直接靠近教堂，因设有一个与教堂建筑物中伸出的圆木制成的廊道，教堂的门廊和教堂墙壁连成整体。

除双坡面屋顶及洋葱式屋顶外，与教堂分开一段距离的双楼梯门廊中，还可以见到"大斗篷式"屋顶，如舍弗金斯克市的尼古拉教堂(图 261)。托杰马县波德莫纳斯特尔斯克村也有一个带"大斗篷式"屋顶的门廊(图 262、311)。另外，奥涅加县马罗舒伊卡村尼古拉显圣者教堂中的大洋葱式圆顶(图 312)，也可被归入这种造型独特的门廊屋顶之列。尼古拉显圣者教堂建于 1683 年，但教堂门廊无疑被多次翻新，故其原始形式几乎未能保留下来。而早在 17 世纪末，即已存在将这种大洋葱式圆顶应用到石砌教堂的案例，具体为莫斯科近郊泰宁科耶村的著名教堂，而类似的木制盾形装饰或洋葱式圆顶，在

图 311 沃洛格达省托杰马县波德莫纳斯特尔斯克村尼古拉显圣者教堂的门廊. 18 世纪初

(伊·奥·杜金 摄)

图 312　奥涅加县马罗舒伊卡村尼古拉教堂. 1683 年

（伊·奥·杜金　摄）

科洛缅斯科耶村宫殿中也有使用。

从外部进入教堂，更确切地说，进入餐厅部分的大门简单结构严谨。其中，索利维切戈茨克县别洛斯鲁达的弗拉基米尔教堂（图 314）大门，即为这种门的典型案例。门框的硕大方木整体由大树加工而制成，散发着坚不可摧的气息。而出于房间保暖的考虑，门的宽度和高度通常不大，门槛非常高。这里的建造方法与农舍中门的建造方法一致。在教堂窗户的建造中，也采用了完全相同的方法，这一点在普秋加村的彼得保罗教堂及伦杜日的伊利因教堂（图 217、315、

316)表现尤为明显。在门框附近的圆木墙壁中,凿出凸槽是减小门框厚度的重要方法。同时,具有独特花纹的云母窗户也给教堂增色不少。在一些地方的贮藏室中还可见到此类窗户。而教堂进门的作用,则有时通过普通住宅的房门不具备的形式表现出来,具体表现为:将门框上部加工成曲线状轮廓。这种曲线状轮廓的图案种类繁多,通常与教堂圣餐厅出门的轮廓一致,如科克申加圣母圣诞或叶多马圣母进堂节教堂(图 298—299)。曲线轮廓系教堂入口大门对石砌教堂入口大门拱形结构的模仿,例如伊什尼亚的约翰神父教堂(图 313)。

图 313　伊什尼亚(罗斯托夫附近)约翰神父教堂的入门. 1687 年

(伊・费・博尔舍夫斯基　摄)

图 314　沃洛格达省索利维切戈茨克县别洛斯鲁达弗拉基米尔教堂的入门. 1642 年

（伊・雅・比利宾　摄）

图 315　沃洛格达省托杰马县伦杜日村的伊利因教堂. 18 世纪初

（伊·奥·杜金　摄）

正如我们所见，在教堂的装饰方面，建造者的注意力主要集中在教堂的顶部。教堂的角锥顶、圆顶、"脖颈"形连接部分，洋葱式圆顶和小阁楼几乎集中了建造者的全部注意力。角锥顶被鳞片状薄板覆盖，并镶装有带花型的木板，而圆顶和洋葱式圆顶被鳞片状薄板覆盖，呈鳞状镀装层。还需要指出的一点是：几乎在所有教堂中，都毫无例外地使用了这种顶盖；只是不久前进行的一些维修使屋盖形式简化，损毁了带鳞片状薄板及花型的末端。幸运的是，这种花型末端在索利维切戈茨克县普秋加村、托杰马县的韦尔霍维耶村、中波戈斯特教区叶尔加河畔小教堂中，被完整保留下来（图 209、217、227、228）。相反，在普多日县波切泽里耶的圣树起源教堂中，花型末端已消失不见，仅有其圆顶及"脖颈"形连接部分的犁铧形木板被保留下来（图 317）。"脖颈"形连接部分只是一个形式，为末端被加工成齿状

图 316　沃洛格达省托杰马县伦杜日村伊利因教堂的墙框. 18 世纪初

（伊·奥·杜金　摄）

的小木片，但与此同时，作为一种特例，还存在具有圆形末端的木板，如兰波日尼亚的教堂(图 238—239)。

最后，还需要提及木制教堂的祭坛部分，该部分引起建造者的极大注意。祭坛通常被形状各异的洋葱式圆顶覆盖，这些洋葱式圆顶有时简单朴素，有时造型奇特，有时堪称奇巧精致、美丽而丰富的图案，将祭坛分成两个独立的圆木墙框；而两个圆木墙框看起来像是祭坛东面墙体中部凹陷而形成。这种营造方法在奥洛涅茨省得到使用，如红利亚加教堂；同时，在沃洛格达省的教堂中，也采用了这种方法：在托杰马县伦杜日村，早已被废弃的伊利因教堂(图 315—316)中，该建造方法表现为一种极其精致的形式。这座教堂建造的相关资料并未保留下来，但就其形式来看，应将其视为18世纪初的建筑。

图317　奥洛涅茨省普多日县波切泽里耶圣树起源教堂角锥顶及祭坛顶. 1700年
（伊·雅·比利宾　摄）

在前文中，我们多次提到古代文书。这些文书不仅可作为木制建筑建造方法多样性和复杂性的证据，而且也反应了相关技术术语的精炼。在这里，我们觉得有必要提及其中的一部文书。该文书为明齐叶戈尔耶夫斯克教区波罗维茨基县贵族、农民及被雇佣建造新教堂的木匠之间订立的雇佣契约。根据该契约，木匠负责“建造由四十排圆木组成的圆木墙垛至墙冠部分，设置屋顶坡度更大的副祭坛，并在上述副祭坛上设置好由脖颈形连接部分支撑的圆顶，且圆顶上布满雕刻的棱线；在副祭坛墙体终结的部分，建造四边形墙框，拆掉八边形墙框，并建造类似的四边形墙框；拆掉另外一个四边形墙框，

图 318　伊尔库兹克省上连斯克区伊里加河畔兹纳缅斯科耶村主显节教堂. 1731 年

（弗·弗·苏斯洛夫　摄）

并在拆掉位置的四个方向上设置按十字形分布的洋葱式圆顶，并在这些洋葱式圆顶上建造五个圆顶；在教堂大圆顶下方，设置通过齿板连接的长方条形齿轮；所有的洋葱式顶端和圆顶，都需采用鳞片状薄板装饰；使用带雕花护檐板的双层木板遮盖祭坛、副祭坛、圣餐厅及教堂门廊部分，教堂及副祭坛正面天花板应光滑平整；祭坛和圣餐厅的天花板用表面平滑的方木镶饰，而墙体从天花板至拱桥部分，需要削平并刮干净；长凳设有雕花护板和垫板；供桌、圣像壁和祭台按照此前传统设计；八个红窗及天窗按照传统设置，并带外罩；教堂门廊从墙冠部分起，通过立柱之间的栅栏钉成窗框，而入口阶梯平台分成三段；设置削光的立柱，使用带天花板和墙冠的顶盖遮挡；教堂内有三扇带门框的门，而第四扇门设置在教堂门廊中；教堂圣餐厅需使用高度超过成人胸部的栅栏钉住……教堂大圆顶的尺寸为六俄丈，其他四个小圆顶尺寸为三俄丈，副祭坛上的圆顶尺寸为四俄丈；洋葱式圆顶和圆顶，需要按照受难者弗洛尔和拉夫罗教堂中的洋葱式圆顶和圆顶样式建造……整个教堂建筑及教堂内部的物件加工手法精良，教堂边角工整、平滑……”木匠得到 38 卢布的报酬，并要求雇主提供伙食。

图 319　伊尔库兹克省上连斯克区伊里加河畔兹纳缅斯科耶村主显节教堂. 1731 年

（弗・弗・苏斯洛夫　摄）

第二十六章　西伯利亚的木制建筑

人民向东迁移，莫斯科公国不断得到巩固，为罗斯人民将其生活范围拓展到乌拉尔山脉以外提供了新的通道。开发西伯利亚与当时发生在彼尔姆及丘索夫斯科伊地区的启蒙运动密切相关。边疆区一些精明强干的生意人——如斯特罗加诺夫家族——不愿囿于原有的活动范围，转而向物产富饶的西伯利亚进发。他们帮助叶尔马克占领西伯利亚王国，并跨过所谓的"石砌建筑包围圈"，开展广泛的贸易活动。

与此同时，俄罗斯的军队也紧随而至；在不同的据点及当时作为西伯利亚中心区，而此前被称作托博尔斯克省的地方安顿下来，并建立了首批坚固的堡垒。德米特里·普里卢茨基、斯特凡·彼尔姆斯基及后来的启蒙者，在北方大力传播基督教信仰；而这种在多神教信仰民族内部传播基督教的活动也跨越了乌拉尔山脉。工业的发展与基督教的传播总是同时发生，并坚定不移地向西伯利亚腹地深入。在托博尔斯克这座城市建成时，西伯利亚土地上的第一座基督教教堂也于1587年建成。罗斯人不断达到乌拉尔山以东的地区，并推举组织者，引起沙皇鲍里斯·戈杜诺夫的极大关注；西伯利亚居民的生活也得到了强有力的保障。其中，西伯利亚西部建造有大量的木制边防堡垒和要塞。这些起保卫作用的村落，形成完整的网络，在履行军事保卫功能的同时，还传播罗斯的启蒙教育。在17世纪，莫斯科统治者将其在西伯利亚的统治继续向东推进，形成了一些新城，如叶尼塞斯克(1617年)、克拉斯诺亚尔斯克(1627年)；建造了一系列木制边防堡垒，如 1618 年建于克塔的马孔堡垒、1628 年建于卡纳的卡纳堡垒、1666 年建造的伊尔库茨克堡垒等。如此一来，罗斯统治者最终确立了在西伯利亚的统治。

共同生活的历史经验表明：在罗斯人民和罗斯统治所到之处，很快便会组建防卫军队，建造教堂。毫无疑问，每建造一座边防堡垒，或设立一座城市，总会建造教堂。要知道，在 16 世纪末及 17 世纪初，西伯利亚土地上建造的教堂数量已经非常可观了；同时，这里的营造活动已完全形成了自己的特色。

当我们注意到，罗斯北方（北方沿海地区、北德维纳河及其他河流沿岸地区）的教堂及堡垒几乎全部为木制，而教堂和堡垒的建造者是出身为诺夫哥罗德侨民的当地木匠，这些木匠以其高超技艺享有盛誉，甚至被邀请到莫斯科工作；同时，西伯利亚的开发和居民迁居与罗斯边疆区的文化运动有关，因此，我们毫不怀疑，在西伯利亚建立的是同代曾在梅津、德维纳及外奥涅加边疆地区繁荣一时的罗斯民间建筑。

伊尔库茨克省兹纳缅斯科耶村的木制主显节教堂（图 318—319），可作为证明以上观点的典型遗迹。主显节教堂坐落于上连斯克区伊里加河畔，距伊里加河汇入勒拿河的汇流处二十五俄里。教堂为“冷式”，没有设置壁炉，但建有约翰先知副祭坛。在教区居民的努力下，教堂于 1731 年（安娜・伊万诺夫娜统治时期）建成；教堂目前严重失修，无人去做礼拜。根据当地保留的文件，这座教堂并非伊里加河畔的第一座教堂。主显节教堂尺寸较大，其主体部分由四边形向八边形过渡的形式，顶盖为角锥顶；从平面图上看，主体部分的长宽各达 6 俄丈。在四边形外角滴水挑檐及八边形的基座上，设置有多边形的小四棱葱头顶，小四棱葱头顶顶部设有圆顶。教堂有两个用于设置祭坛的搭接木屋，每个祭坛木屋都有四面墙及三俄丈的进深；南面的祭坛木屋比北面祭坛木屋宽大。两个祭坛顶部被共同的五边形顶盖遮挡，此后过渡为两个独立的带圆顶的洋葱式屋顶。洋葱式圆顶的正面镶装薄板，使用圣像画进行装饰。

教堂内部东面墙壁被五层的帝位圣像壁及副祭坛圣像壁占据（图320）。圣像画被安放在彩色的神龛上。下层雕花圣像壁，在装饰方面明显受到西方的影响。在圣像壁前面的教堂地面上设有供台，供台两端及祭坛内墙对面，是唱诗班席位，而席位的背面设有神龛。用于支撑教堂楼板的木制立柱几乎位于教堂中央。教堂内墙被绘制在麻布上的神像覆盖。教堂北墙的三重窗户下方，放置圣母升天画像（图321）。在其他框架放置《启示录》的情节；下部则是大理石五彩绘板。靠近教堂西墙的，是宽大的圣餐厅（图322）。楼板由两排立柱支撑，教堂纵轴各个方向各有四根。顶板由一排密实的、带突肩的梁木制成；梁木的下端设有小槽，用于装饰。所有梁木下方都使用立柱支撑的桁梁。总之，顶板的这种设置极其少见。立柱中央被加工成圆柱状，其底座部分设置成宽大的长凳。圣餐厅东墙设有两门及通向教堂的门洞，门洞中安装栅栏。靠近圣餐厅西墙的位置设有大的台阶，台阶的两侧建造了两间放置圣器的房间。教堂的平面长度约为18俄丈。不久后教堂墙体的外表面还镶装了护板。

伊利因主显节教堂因尺寸、比例、轮廓极具特色的形式，是俄罗

图320　伊尔库兹克省上连斯克区伊里加河畔兹纳缅斯科耶村主显节教堂的圣像壁．1731年

（弗·弗·苏斯洛夫　摄）

**图 321　伊尔库兹克省上连斯克区伊里加
河畔兹纳缅斯科耶村主显节教堂墙壁上的壁画. 1731 年**

（弗·弗·苏斯洛夫　摄）

斯最美观的木制教堂建筑遗迹之一。遗憾的是，我们目前仅了解到这是唯一具有一定艺术性的西伯利亚教堂典范。至于西伯利亚地区的其他教堂建筑有哪些形式被保留下来、曾存在过何种形式，因材料不足很难做出回答；无论如何，它们与俄罗斯北方古教堂的建筑形式具有极深的渊源，甚至可以说，只是对局部进行改动，并不破坏北方教堂整体建筑风格。主显节教堂有一个圣餐厅及两个祭坛——从平面布局来看，教堂无任何新意。这种布局在德维纳河、奥涅加及梅津河沿岸的木制教堂中是很常见的。至于教堂的外部形式，则祭坛上的洋葱式圆顶、教堂主四边形墙框，墙框末端墙框下突出部分，窗户的形状，鳞片状薄板镶装等，在俄罗斯北方建筑中，已经十分成熟；在这里也只是重复这些元素而已。

至于主显节教堂的整体外观及结构，我们在这里看到的，也是罗斯北方沿海其他地区建造的棱式角锥顶教堂的常见形式。遗憾的是,我们没有足够材料,以便对西伯利亚及俄罗斯北方古教堂的形式及特点的相似性进行更加直观的对照。

此外,西伯利亚的一类小型木制教堂,也可作为上述观点的佐证。该类教堂形式与编年史中被称为带采暖的木屋式教堂风格相同。观察伊尔库兹克省基廉斯克区伊利姆斯克教堂的图案,可发现它们的共性:它们都具有被设置成双坡面屋顶的墙框。喀山的圣母大教堂主墙框顶部,为洋葱式圆顶,而另一座圣母进堂节教堂的顶部,则被建造成带有洋葱式顶盖的特殊墙框,洋葱式顶盖的上方,设置有两个圆顶,用来表示教堂具有两个祭坛。除洋葱式圆顶外,这些教堂建筑中具有特色的方面还有:在喀山教堂中,屋檐被建造成屋顶上墙框伸出部分的形式,以及教堂窗户的形式与设置、圆顶的样式。然而,上述教堂的典型特征,也与罗斯北方教堂建筑的类似特点完全相同。

在雅库茨克,保留着一座建于18世纪下半叶的墓地教堂。从总体形式来看,这座教堂为普通的暖式教堂(图323)。其特点在于:在教堂上方的八边形墙框上建有一组圆顶。而带脖颈式连接部分的中央圆顶则被建造在特殊的八边形构造上,其他较小的圆顶都被设置在八边形基座上。八边形构造被镶装成列布置的薄木板,薄木板中间安装有板条。圆顶的双层布局和镶装特点,与罗斯南方木制教堂有一定相似性。这种相似性与罗斯北纬度、中纬度地带出现的17世纪末从乌克兰引入的特殊教堂形式相关。这种形式特殊的教堂的四边形主体屋架上方,设置两个或三个八边形墙框;墙框上下布置,从下往上逐渐变小;有时,下部的墙框被形状像倒扣的瓦罐的八边形穹顶遮盖;而穹顶上部,则设置一个或两个带圆顶的小型八边形结构。此外,罗斯南部教堂的影响,在穹顶的形状及外墙薄木片的镶装上得到体现。大罗斯教堂中出现的新的建造手段、哥萨克风格的渗入,也出现在西伯利亚。我们看到过几幅上述多层式西伯利亚教堂的图画,但其与罗斯北方教堂独树一帜范本的差异,在整个俄罗斯建筑术中都有体现,故而不能将西伯利亚出现的这种现象,称为罗斯南部周边教堂建筑的直接影响。

图 322　伊尔库兹克省上连斯克区伊里加
河畔兹纳缅斯科耶村主显节教堂的圣餐厅．1731 年
（弗・弗・苏斯洛夫　摄）

因此，考虑到西伯利亚的开发历史、人民到此处定居的情况、罗斯人民的生活方式，以及西伯利亚和罗斯北方省份古木制建筑形式的相似性及出现的新特点，可得以下结论：外乌拉尔地区的教堂建筑，自其伊始便走上罗斯北方建筑所走过的道路，同时也遵从了北方人民生活的遗风，是俄罗斯艺术这一大背景下的一种变体。而这一点也适用于西伯利亚另一杰出的木制建筑遗迹，即古军事建筑。西伯利亚的古军事建筑在征服、开发边疆区，应用建筑技术知识中，起到了重要作用。根据谢・列米佐夫所著的《西伯利亚概况图》一书所绘制的城市和堡垒的旧观，维特森、休金、拉斯科夫斯基、基普利亚诺夫的图画，以及当前保存于艺术院的 18 世纪木刻版画及其他资料，

罗斯北方不同城市的堡垒,如帕姆奎斯特所绘制的托尔若克的堡垒、凯姆等城市的不同堡垒及阿尔汉格尔斯克、沃洛格达省修道院防卫围墙,还有外国旅行者在罗斯旅行时所绘制的草图,可以看到,上述罗斯和西伯利亚木制建筑,不仅在整体形状和结构体系上十分相似,而且在细节方面也有共同点。

图 323　雅库茨克的墓地教堂. 18 世纪下半叶

(弗・弗・苏斯洛夫　摄)

此外,罗斯东西部木制建筑具有相同的基本特点。无论是在罗斯的欧洲地区还是在西伯利亚,我们都能见到堡垒圆木墙体和板墙,带特殊墙框及塔楼支架的立柱栅栏、圆木制成的屋顶斜面、圆榫连接的墙体、悬挂式观望台及被设置成天窗样式带插销的孔;塔楼本身装饰有遮檐或伸出部分,建造在墙冠上的守望台,而这些孔洞用于放置武器。同时,在一些细节地方,也存在相似之处,如墙冠、钟楼的轮廓,以及屋顶盖板伸出部分尖端的形状等。

以上所述都指向俄罗斯北方木制建筑与西伯利亚木制建筑的相似性。显然,随着西伯利亚的开发,罗斯北方的建筑活动也被传播到乌拉尔山脉以东,并在罗斯人迁移、定居西伯利亚,进而形成独特生活方式的过程中，渗透到西伯利亚建筑的结构形式和艺术形式中。

图 324　奥洛涅茨省普多日县斯帕斯科耶村的教堂围墙

（弗·弗·苏斯洛夫　摄）

图 325　奥洛涅茨省波韦涅茨县达尼洛夫隐修院大门. 18 世纪

（弗·阿·普洛特尼科夫　摄）

第二十七章　要塞建筑及民用建筑

若不谈及教堂围墙，则对木制宗教建筑的描述并不完整。这些教堂围墙在某些地方被保存下来了，或者已被损坏，或者处于半坍塌状态。与其说它们是纯祭祀建筑，还不如将这些教堂围墙归入要塞建筑。在古代，乡村教堂，特别是隐修院，因距离农奴住房有一定距离，需要建造稳固的围墙，以保护其不受任何“侵犯”。随时可能降临罗斯村庄手无寸铁的居民身上的威胁，迫使他们总是保持警惕，用尽一切手段将自己保护起来。随着时间的流逝，乡村教堂起战略作用的围墙逐渐具有了普通围墙、围栏或教堂附近墓地篱笆的意义。围墙逐渐丧失其战略防卫功能，也丧失了其原有的意义；而依照原有传统修建的围墙仍旧十分坚固，只是简化成比较轻便的栅栏。

古代围墙或仿古围墙为建造在乡村教堂四周、由圆木墙框构成的环形闭合结构。同时，在圆木墙框上留有出入口，即大门和小门，并区分出朱门或所谓的“圣门”。“圣门”上部通常建有角锥顶或洋葱式圆顶，用于安装圆顶和十字架。从普多日县波切泽里耶等及卡尔戈波雷县别烈日诺-杜布罗夫斯基村中保存尚好的围墙（图 214、250、324），我们可以看到类似建筑的宏大气质和优美之处。而当年环绕着波韦涅茨县著名的达尼洛夫隐修院的围墙也极其壮丽华美。波韦涅茨县富庶繁荣（特别是在 18 世纪末、19 世纪初）——不仅城内，而且在维格河河畔及其周边地区，都可见教堂、礼拜堂和祈祷室密集分布。维格修道院是旧教派的文化中心及旧教派的发源地，因此装饰丰富奇特。然而在 19 世纪中期，该地区被一群野蛮的官员统治，他们殚精竭虑破坏过去一百五十年里建成的一切，导致俄罗斯艺术珍宝的消亡。这些官员不仅损毁了教堂和祈祷室，还有环绕墓地及设有塔楼和大门的围墙。令人庆幸的是，围墙几段单独的墙框和一扇边门被神奇地保存下来；其中，边门屋盖的屋脊上设置有洋葱式圆顶，同时曾经很是精美的圆顶的构架也被保存下来(图 325)。在洋葱式圆顶上，还可见到鳞片状装饰薄板的残余；鳞片状薄板的末端被打磨成圆形，与兰波日尼亚教堂的鳞片状薄板形状相似。双坡面屋顶被末端加工成花型的薄木板覆盖，这一点可由保存至今的若干薄木板证明。

修道院围墙的特点在于其规模极其宏大，有时具有类似阿尔汉格尔斯克附近白海夏季海岸尼古拉-科列里斯基修道院中保留的巨型塔楼(图 326)。包括六座塔楼的修道院围墙建于 1691 至 1692 年，但在 1800 年，围墙几近腐烂，拆除新建后保留至今。塔楼有些部分被改建，有些部分被镶装护板，护板完全遮挡了主塔楼墙冠的复杂结构。墙冠被建成两排，因此塔楼上部形成了上下两层加宽的结

图 326 阿尔汉格尔斯克附近白海夏季海岸上的尼古拉-科列里斯基修道院主塔楼. 18 世纪初

(弗·阿·普洛特尼科夫 摄)

构。若上部墙冠用于将雨水引离建筑物的基础部分，那下部墙冠的出现，或者出于对石砌塔楼“突堞”形态的模仿，或者是对古代要塞木制塔楼或“木垛”的继承。帕里姆克维斯特在其旅行中，绘制了这种上部设置有伸出部分的塔楼的剖面图；并且在剖面图中墙冠的伸出部分还安放有大炮(图 327)。

图 327　17 世纪的要塞塔楼

(照片由帕里姆克维斯特于 1674 年在俄罗斯旅行途中拍摄)

不久前，我们还可在喀山省的阿尔斯克市见到此类带伸出部分的塔楼。

除了要塞塔楼外，还有带瞭望台的守望台和侦查塔楼。瞭望台实际上是一个小平台，上部设置有由四根或八根立柱支撑的角锥顶。瞭望台高耸在塔楼屋面之上，这与其功能完全相配，也体现了建筑结构的完整性。彼尔姆省克拉斯诺乌菲姆斯科县托尔戈维谢村于

1899年7月被烧毁的侦查塔楼(图328),可作为此类塔楼的典范。该塔楼结构为“四边形＋八边形”的结构,其角锥顶的顶部被掏空,取而代之的是侦查瞭望台。该塔楼的建造手法与钟楼的建造手法完全相同,这一点将其与齐沃泽罗村的钟楼(图285)或救世主钟楼(图288)对比,尤其明显。但普通的带十字架圆顶,被带彩饰的双头鹰替代。作为军事战略要地,托尔戈维谢村自西伯利亚加入俄罗斯后出现了很多壕沟,同时也修建了若干带塔楼的围墙;其中,斯帕斯塔楼被保存。该塔楼因设置在入口大门上方活动板桥上方的“非人工创造的救世主”画像而得名,其建造时间应为17世纪。

图328　彼尔姆省克拉斯诺乌菲姆斯科县托尔戈维谢村的侦查塔楼. 17世纪末

(塔楼于1899年被烧毁,照片选自列・米・布拉伊洛夫斯基的照片集)

古代规模最为宏大的要塞建筑之一，即雅库茨克木制边防堡垒(图 329—330)得以保留，实属幸事。雅库茨克的堡垒建于 1683 年。从图上看出，堡垒的塔楼曾经巨大而威严，顶部并无与尼古拉修道院中类似的伸出部分，只有去掉了上部的，但被屋面下部遮挡的墙冠。塔楼的墙壁也十分稳固，那些上部搭接处被保留下的部分，尤其使人印象深刻。这一切将我们带入一个十分神奇的世界，将我们引入遥远的过去——这个过去如此遥远，以至于那些实际上更为古老的石砌教堂和木制教堂，都似乎比这些僻静、阴森，时刻都有可能倒塌的巨大建筑离我们的时代更近。

图 329　雅库茨克木制边防堡垒的主塔楼. 1683 年

(皇家考古委员会提供)

图 330　雅库茨克木制边防堡垒遗迹. 1683 年

（皇家考古委员会提供）

在列米佐夫著于 1701 年的《西伯利亚概况图》的图画中，我们可以看到完全相同的塔楼。托博尔斯克塔楼（图 331）、叶潘钦塔楼、佩雷姆塔楼及雅库茨克塔楼（图 331）的相似性尤为明显。在雅库茨克，我们还能看到一段被保留至今的、具有三座塔楼的墙体，而这一点，至少可以证明建筑物的图片中并不存在非常明显的想象成分。若是列米佐夫在描绘他自己甚至是他儿子也未曾去过的城市时，并不可能那么精确；但作为出生于托博尔斯克的人，他无疑足够精准地绘制了自己家乡的图景。到处仍旧是同样的建造手段，同样的圆木搭接墙体及塔楼。而它们所有的差别都可被归结为一点：有的塔楼被建造成四边形，而有的则为八边形；同时有的屋顶为角锥式，类似教堂顶，而有的塔楼屋顶则为斗篷式，类似雅库茨克塔楼的顶盖。在斗篷式屋面上，通常会设置一个带角锥形顶盖的四边形或八边形墙框，就如我们在尼古拉修道院塔楼，或雅库茨克木造边防堡垒其中一个角楼中所见。

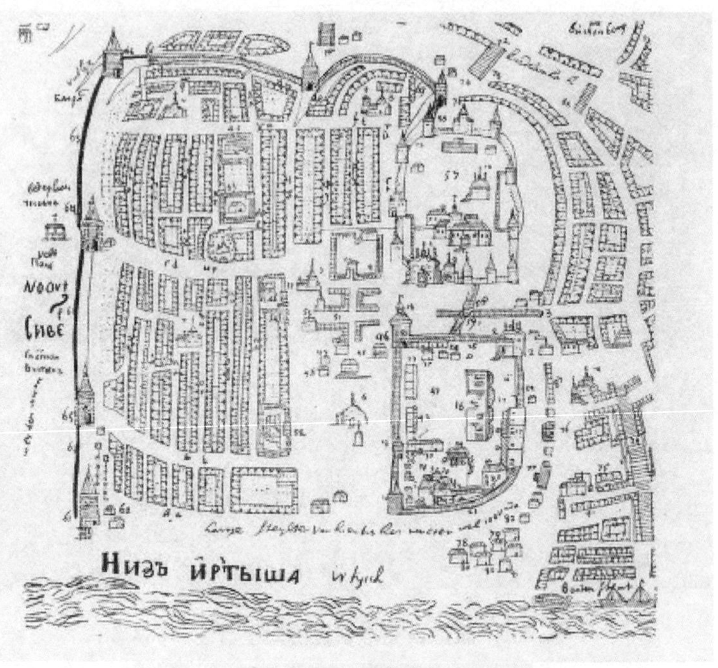

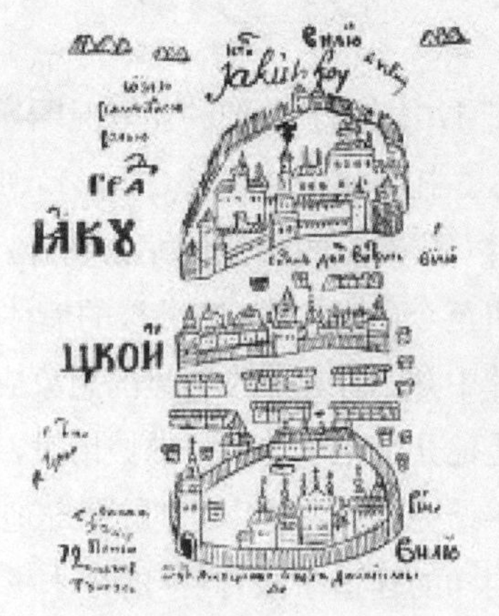

图 331　托博尔斯克及雅库茨克城市草图

（选自托博尔斯克贵族谢苗诺夫·列米佐夫于 1701 年所著《西伯利亚概况图》一书）

二十年前，在滨海的克姆县建有一座塔楼。该塔楼从基底部分起边被建造成八边形。弗·弗·苏斯洛夫在 1888 年见到了该塔楼。

当时，塔楼已整体倾斜，随时都有坍塌的危险，但苏斯洛夫仍拍摄了该塔楼的照片(图 332)。在其中的一面墙上，还可见到用于钉入与该塔楼相挨的墙体圆木的榫眼。该塔楼明显是一座角楼。从照片上看，塔楼防御侧的构架由两层圆木墙框建造而成。而根据弗·弗·苏斯洛夫的研究，存在一条从第二层通往相邻塔楼的过道，但当时已不见该过道的任何痕迹。堡垒内部塔楼的大门被完整保留了下来，在其外墙上则可见到设置火炮、火枪及其他防御武器的孔洞。塔楼顶部有两根水平安装的圆木，延伸到伸出部分的圆木墙框上，成为上部伸出部分的一部分；同时，这种伸出部分是军用塔楼不可或缺的一部分。总之，这种悬挂式炮眼或射击孔实际上是一种突堞：用于射击、投石或是向进攻的人倾倒滚烫的开水。

图 332　克姆木制边防堡垒角楼遗迹

(弗·弗·苏斯洛夫于 1888 年拍摄)

最后，还需要就非宗教性木制建筑说上几句。遗憾的是，被保留至今的非宗教性木制建筑实际上仅限于几座历史只有一百年多一点的乡村木屋。有意思的是，这些乡村木屋仅存在于那些远离莫斯科或圣彼得堡，并且城市建筑风格的影响鞭长莫及的地方。在北方，除了独门独户的木屋，还存在整座村庄。在这些村庄里，即使没有古老的建筑，仍能让人感受到源于古代的建筑传统，仿佛那种将教堂与木屋联系起来的气质仍未消退。的确，在木屋的装饰方面，我们可以看到城市建筑风格的微弱影响，但北方乡村的整体面貌，仍保留了教堂建筑轮廓的整体性和简单性这些特点。只有当我们凝视细节时，我们才能发现窗户装饰板的奇妙之处及护窗板模糊的装饰风格（图333）；其中，窗户的花型装饰板散发出巴洛克风格。甚至门廊也不一样——缺乏结构的逻辑性，立柱通常是通过车加工而非砍削加工制作而成，这一点在奥洛涅茨省极其常见。在更为古老的木屋中，门廊的建造手段与教堂门廊的建造手段相似——结构合理、稳固，立柱也更为简单大方，整体上沿袭了木屋更加简单的风格（图 334）。

图 333　奥洛涅茨省波韦涅茨县农舍的门廊台阶

（伊·雅·比利宾　摄）

图 334　奥洛涅茨省普多日县乡村木屋的门廊台阶

（伊·雅·比利宾　摄）

而真正给人们留下印象的，是阿尔汉格尔斯克省的古代乡村木屋。在霍尔莫戈雷县的科希诺村，有几座建于 18 世纪末、19 世纪初的无烟囱取暖式乡村木屋被保留下来（图 335—336），其形式极其简单，在各个细节上都与古代教堂相似。

图 335　阿尔汉格尔斯省霍尔莫戈雷县科希诺村农舍的门廊

（伊·雅·比利宾　摄）

图 336　阿尔汉格尔斯克省霍尔莫戈雷县科希诺村的乡村木屋

（费·费·戈尔诺斯塔耶夫　摄）

同时，我们还不得不提及在农村生活中起到重要作用的设施——风磨。风磨结构简单、合理，与教堂相似；同样的建造手段，建造出在奥涅加及德维纳边疆区广泛分布的独特而秀丽的风磨。奥涅加河沿岸地区的风磨，通常比较矮小、敦实，而德维纳河沿岸的风磨，则相对较高、匀称（图 337）。

叶卡捷琳娜和亚历山大统治时期，给农村也打上了时代的烙印。这一点体现在北方乡村木屋，主要是上层小房间或阁楼的特点上。采用了立柱，模仿曾经时髦的弧形半圆结构及旋制栏杆。在沃洛格达省，此类木屋数量极多（图 338）。其中，这些木屋上绘饰有美丽的花朵图案。

索利维切戈茨克县切列夫科夫村中，有一种极其奇特的上层小房间。小房间的整个阳台布满雕花（图 339），和 18 世纪使用象牙制成的手工艺品十分相似，而这种手工艺品恰恰产于罗斯北方（图 27—28）。雕花的图案有时为围茶炊而坐的夫妻，主要是地主老爷和地主太太；有时为相互交织的动物形象和植物图案，并且植物图案从阳台的一侧攀爬至阳台的另一侧；而在繁杂的涡形装饰、花纹和穗子中，

图 337　阿尔汉格尔斯克省霍尔莫戈雷县科斯科希诺村的风磨

（伊·格拉巴里　摄）

图 338　沃洛格达省索利维切戈茨克县基沃库里耶乡村木屋的阁楼

（伊·格拉巴里　摄）

图 339　沃洛格达省索利维切戈茨克县切列夫科夫村阔绰人家住房的阁楼

（伊·格拉巴里　摄）

渗透出洛可可及早期古典主义的遗风。其手工业生产方式，普通人对豪华和富裕生活的追求，赋予建筑物独特的魅力，并抵制了将罗佩特风格引入俄罗斯后，在圣彼得堡教区涌现的别墅的粗犷图案。人们已不再追求古代木制建筑的简单朴素；农民不仅耻于建造农村的木制教堂，也不愿意拥有普通的乡村木屋，同时竭力建造呆板却奢华的城市建筑来取代。看来，作为伟大民间创作宝库的罗斯北方彻底“荒芜”的时刻已经不远。这种创作的丧失让人何等痛心疾首啊！

上海三联人文经典书库

已出书目

1.《世界文化史》(上、下) [美]林恩·桑戴克 著 陈廷璠 译
2.《希腊帝国主义》 [美]威廉·弗格森 著 晏绍祥 译
3.《古代埃及宗教》 [美]亨利·富兰克弗特 著 郭子林 李凤伟 译
4.《进步的观念》 [英]约翰·伯瑞 著 范祥涛 译
5.《文明的冲突:战争与欧洲国家体制的形成》 [美]维克多·李·伯克 著 王晋新 译
6.《君士坦丁大帝时代》 [瑞士]雅各布·布克哈特 著 宋立宏 熊 莹 卢彦名 译
7.《语言与心智》 [俄]科列索夫 著 杨明天 译
8.《修昔底德:神话与历史之间》 [英]弗朗西斯·康福德 著 孙艳萍 译
9.《舍勒的心灵》 [美]曼弗雷德·弗林斯 著 张志平 张任之 译
10.《诺斯替宗教:异乡神的信息与基督教的开端》 [美]汉斯·约纳斯 著 张新樟 译
11.《来临中的上帝:基督教的终末论》 [德]于尔根·莫尔特曼 著 曾念粤 译
12.《基督教神学原理》 [英]约翰·麦奎利 著 何光沪 译
13.《亚洲问题及其对国际政治的影响》 [美]阿尔弗雷德·马汉 著 范祥涛 译
14.《王权与神祇:作为自然与社会结合体的古代近东宗教研究》(上、下) [美]亨利·富兰克弗特 著 郭子林 李 岩 李凤伟 译
15.《大学的兴起》 [美]查尔斯·哈斯金斯 著 梅义征 译
16.《阅读纸草,书写历史》 [美]罗杰·巴格诺尔 著 宋立宏 郑 阳 译
17.《秘史》 [东罗马]普罗柯比 著 吴舒屏 吕丽蓉 译

18.《论神性》 [古罗马]西塞罗 著 石敏敏 译
19.《护教篇》 [古罗马]德尔图良 著 涂世华 译
20.《宇宙与创造主:创造神学引论》 [英]大卫·弗格森 著 刘光耀 译
21.《世界主义与民族国家》 [德]弗里德里希·梅尼克 著 孟钟捷 译
22.《古代世界的终结》 [法]菲迪南·罗特 著 王春侠 曹明玉 译
23.《近代欧洲的生活与劳作(从15—18世纪)》 [法]G.勒纳尔 G.乌勒西 著 杨 军 译
24.《十二世纪文艺复兴》 [美]查尔斯·哈斯金斯 著 张 澜 刘 疆 译
25.《五十年伤痕:美国的冷战历史观与世界》(上、下) [美]德瑞克·李波厄特 著 郭学堂 潘忠岐 孙小林 译
26.《欧洲文明的曙光》 [英]戈登·柴尔德 著 陈 淳 陈洪波 译
27.《考古学导论》 [英]戈登·柴尔德 著 安志敏 安家瑗 译
28.《历史发生了什么》 [英]戈登·柴尔德 著 李宁利 译
29.《人类创造了自身》 [英]戈登·柴尔德 著 安家瑗 余敬东 译
30.《历史的重建:考古材料的阐释》 [英]戈登·柴尔德 著 方 辉 方堃杨 译
31.《中国与大战:寻求新的国家认同与国际化》 [美]徐国琦 著 马建标 译
32.《罗马帝国主义》 [美]腾尼·弗兰克 著 宫秀华 译
33.《追寻人类的过去》 [美]路易斯·宾福德 著 陈胜前 译
34.《古代哲学史》 [德]文德尔班 著 詹文杰 译
35.《自由精神哲学》 [俄]尼古拉·别尔嘉耶夫 著 石衡潭 译
36.《波斯帝国史》 [美]A.T.奥姆斯特德 著 李铁匠等 译
37.《战争的技艺》 [意]尼科洛·马基雅维里 著 崔树义 译 冯克利 校
38.《民族主义:走向现代的五条道路》 [美]里亚·格林菲尔德 著 王春华等 译 刘北成 校
39.《性格与文化:论东方与西方》 [美]欧文·白璧德 著 孙宜学 译
40.《骑士制度》 [英]埃德加·普雷斯蒂奇 编 林中泽 等译
41.《光荣属于希腊》 [英]J.C.斯托巴特 著 史国荣 译
42.《伟大属于罗马》 [英]J. C. 斯托巴特 著 王三义 译
43.《图像学研究》 [美]欧文·潘诺夫斯基 著 戚印平 范景中 译
44.《霍布斯与共和主义自由》 [英]昆廷·斯金纳 著 管可秾 译

45.《爱之道与爱之力:道德转变的类型、因素与技术》 [美]皮蒂里姆·A.索罗金 著 陈雪飞 译
46.《法国革命的思想起源》 [法]达尼埃尔·莫尔内 著 黄艳红 译
47.《穆罕默德和查理曼》 [比]亨利·皮朗 著 王晋新 译
48.《16世纪的不信教问题:拉伯雷的宗教》 [法]吕西安·费弗尔 著 赖国栋 译
49.《大地与人类演进:地理学视野下的史学引论》 [法]吕西安·费弗尔 著 高福进 等译
50.《法国文艺复兴时期的生活》 [法]吕西安·费弗尔 著 施 诚 译
51.《希腊化文明与犹太人》 [以]维克多·切利科夫 著 石敏敏 译
52.《古代东方的艺术与建筑》 [美]亨利·富兰克弗特 著 郝海迪 袁指挥 译
53.《欧洲的宗教与虔诚:1215—1515》 [英]罗伯特·诺布尔·斯旺森 著 龙秀清 张日元 译
54.《中世纪的思维:思想情感发展史》 [美]亨利·奥斯本·泰勒 著 赵立行 周光发 译
55.《论成为人:神学人类学专论》 [美]雷·S.安德森 著 叶 汀 译
56.《自律的发明:近代道德哲学史》 [美]J.B.施尼温德 著 张志平 译
57.《城市人:环境及其影响》 [美]爱德华·克鲁帕特 著 陆伟芳 译
58.《历史与信仰:个人的探询》 [英]科林·布朗 著 查常平 译
59.《以色列的先知及其历史地位》 [英]威廉·史密斯 著 孙增霖 译
60.《欧洲民族思想变迁:一部文化史》 [荷]叶普·列尔森普 著 周明圣 骆海辉 译
61.《有限性的悲剧:狄尔泰的生命释义学》 [荷]约斯·德·穆尔 著 吕和应 译
62.《希腊史》 [古希腊]色诺芬 著 徐松岩 译注
63.《罗马经济史》 [美]腾尼·弗兰克 著 王桂玲 杨金龙 译
64.《修辞学与文学讲义》 [英]亚当·斯密 著 朱卫红 译
65.《从宗教到哲学:西方思想起源研究》 [英]康福德 著 曾 琼 王涛 译

66.《中世纪的人们》［英］艾琳·帕瓦　著　苏圣捷　译
67.《世界戏剧史》［美］G.布罗凯特　J.希尔蒂　著　周靖波　译
68.《20世纪文化百科词典》［俄］瓦季姆·鲁德涅夫　著　杨明天　陈瑞静　译
69.《英语文学与圣经传统大词典》［美］戴维·莱尔·杰弗里(谢大卫)主编　刘光耀　章智源等　译
70.《刘松龄——旧耶稣会在京最后一位伟大的天文学家》［美］斯坦尼斯拉夫·叶茨尼克　著　周萍萍　译
71.《地理学》［古希腊］斯特拉博　著　李铁匠　译
72.《马丁·路德的时运》［法］吕西安·费弗尔　著　王永环　肖华峰　译
73.《希腊化文明》［英］威廉·塔恩　著　陈　恒　倪华强　李　月　译
74.《优西比乌:生平、作品及声誉》［美］麦克吉佛特　著　林中泽　龚伟英　译
75.《马可·波罗与世界的发现》［英］约翰·拉纳　著　姬庆红　译
76.《犹太人与现代资本主义》［德］维尔纳·桑巴特　著　艾仁贵　译
77.《早期基督教与希腊教化》［德］瓦纳尔·耶格尔　著　吴晓群　译
78.《希腊艺术史》［美］F.B.塔贝尔　著　殷亚平　译
79.《比较文明研究的理论方法与个案》［日］伊东俊太郎　梅棹忠夫　江上波夫　著　周颂伦　李小白　吴　玲　译
80.《古典学术史:从公元前6世纪到中古末期》［英］约翰·埃德温·桑兹　著　赫海迪　译
81.《本笃会规评注》［奥］米歇尔·普契卡　评注　杜海龙　译
82.《伯里克利:伟人考验下的雅典民主》［法］樊尚·阿祖莱　著　方颂华　译
83.《旧世界的相遇:近代之前的跨文化联系与交流》［美］杰里·H.本特利　著　李大伟　陈冠堃　译　施　诚　校
84.《词与物:人文科学的考古学》修订译本　［法］米歇尔·福柯　著　莫伟民　译
85.《古希腊历史学家》［英］约翰·伯里　著　张继华　译
86.《自我与历史的戏剧》［美］莱因霍尔德·尼布尔　著　方　永　译
87.《马基雅维里与文艺复兴》［意］费代里科·沙博　著　陈玉聃　译
88.《追寻事实:历史解释的艺术》［美］詹姆士　W.戴维森　著　［美］马克　H.

利特尔著　刘子奎　译

89.《法西斯主义大众心理学》［奥］威尔海姆·赖希　著　张　峰　译

90.《视觉艺术的历史语法》［奥］阿洛瓦·里格尔　著　刘景联　译

91.《基督教伦理学导论》［德］弗里德里希·施莱尔马赫　著　刘　平　译

92.《九章集》［古罗马］普罗提诺　著　应　明　崔　峰　译

93.《文艺复兴时期的历史意识》［英］彼得·伯克　著　杨贤宗　高细媛　译

94.《启蒙与绝望：一部社会理论史》［英］杰弗里·霍松　著　潘建雷　王旭辉　向　辉　译

95.《曼多马著作集：芬兰学派马丁·路德新诠释》［芬兰］曼多马　著　黄保罗　译

96.《拜占庭的成就：公元330～1453年之历史回顾》［英］罗伯特·拜伦　著　周书垚　译

97.《自然史》［古罗马］普林尼　著　李铁匠　译

98.《欧洲文艺复兴的人文主义和文化》［美］查尔斯·G.纳尔特　著　黄毅翔　译

99.《阿莱科休斯传》［古罗马］安娜·科穆宁娜　著　李秀玲　译

100.《论人、风俗、舆论和时代的特征》［英］夏夫兹博里　著　董志刚　译

101.《中世纪和文艺复兴研究》［美］T.E.蒙森　著　陈志坚　等译

102.《历史认识的时空》［日］佐藤正幸　著　郭海良　译

103.《英格兰的意大利文艺复兴》［美］刘易斯·爱因斯坦　著　朱晶进　译

104.《俄罗斯诗人布罗茨基》［俄罗斯］弗拉基米尔·格里高利　耶维奇·邦达连科　著　杨明天　李卓君　译

105.《巫术的历史》［英］蒙塔古·萨默斯　著　陆启宏　等译　陆启宏　校

106.《希腊-罗马典制》［匈牙利］埃米尔·赖希　著　曹　明　苏婉儿　译

107.《十九世纪德国史（第一卷）：帝国的覆灭》［英］海因里希·冯·特赖奇克　著　李　娟　译

108.《通史》［古希腊］波利比乌斯　著　杨之涵　译

109.《苏美尔人》［英］伦纳德·伍雷　著　王献华　魏桢力　译

110.《旧约：一部文学史》［瑞士］康拉德·施密特　著　李天伟　姜振帅　译

111.《中世纪的模型：英格兰经济发展的历史与理论》［英］约翰·哈彻　马克·

贝利　著　许明杰　黄嘉欣　译

112.《文人恺撒》［英］弗兰克·阿德科克　著　金春岚　译

113.《罗马共和国的战争艺术》［英］弗兰克·阿德科克　著　金春岚　译

114.《古罗马政治理念和实践》［英］弗兰克·阿德科克　著　金春岚　译

115.《神话历史:现代史学的生成》［以色列］约瑟夫·马里　著　赵　琪　译

116.《论人的理智能力及其教育》［法］爱尔维修　著　汪功伟　译

图书在版编目(CIP)数据

俄罗斯建筑艺术史:古代至19世纪/(俄罗斯)伊戈尔·埃马努伊洛维奇·格拉巴里主编;杨明天,王丽娟,闻思敏译.—上海:上海三联书店,2022.8
(上海三联人文经典书库)
ISBN 978-7-5426-7637-5

Ⅰ.①俄… Ⅱ.①伊… ②杨… ③王… ④闻… Ⅲ.①建筑艺术史-俄罗斯 Ⅳ.①TU-095.12

中国版本图书馆CIP数据核字(2021)第257426号

俄罗斯建筑艺术史:古代至19世纪

主　　编/[俄罗斯]伊戈尔·埃马努伊洛维奇·格拉巴里
译　　者/杨明天　王丽娟　闻思敏

责任编辑/陈马东方月
装帧设计/徐　徐
监　　制/姚　军
责任校对/王凌霄

出版发行/上海三联书店
(200030)中国上海市漕溪北路331号A座6楼
邮　　箱/sdxsanlian@sina.com
邮购电话/021-22895540
印　　刷/上海展强印刷有限公司

版　　次/2022年8月第1版
印　　次/2022年8月第1次印刷
开　　本/640 mm×960 mm　1/16
字　　数/300千字
印　　张/22.5
书　　号/ISBN 978-7-5426-7637-5/TU·49
定　　价/98.00元